AF061750

Printed by Libri Plureos GmbH in Hamburg,
Germany

9 781649 291189

إنجح

Eureka Math®
الصف 1
الوحدات 4 - 6

Great Minds PBC is the creator of Eureka Math®
Wit & Wisdom®, Alexandria Plan™, and PhD Science™

Published by Great Minds PBC. greatminds.org

Copyright © 2020 Great Minds PBC. All rights reserved. No part of this work may be reproduced or used in any form or by any means—graphic, electronic, or mechanical, including photocopying or information storage and retrieval systems—without written permission from the copyright holder.

ISBN 978-1-64929-118-9

20 21 22 23 24 25 CCD 10 9 8 7 6 5 4 3 2 1

Printed in the USA

تعلم ♦ مارس ♦ انجح

تتوفر مواد طلاب يوريكا الرياضيات®لقصة الوحدات® (من الروضة إلى الخامسة) في ثلاثية تعلم، ممارسة، نجاح. تدعم هذه السلسلة التمايز والمعالجة مع الاحتفاظ بمواد الطلاب منظمة ويمكن الوصول إليها. سيجد المعلمون *أن سلسلة كتب التعلم والممارسة والنجاح تقدم أيضًا موارد* متماسكة - *وبالتالي أكثر فعالية - للاستجابة للتدخل (RTI)، وممارسة إضافية والتعلم الصيفي.*

تعلم

تُعد مادة تعلم يوريكا الرياضيات بمثابة رفيق للطلاب في الصف حيث يظهرون تفكيرهم، ويشاركون ما يعرفونه، ويشاهدون معرفتهم وهي تبني كل يوم. يضم كتاب التعلم تجميعة الواجب الدراسي اليومي - مسائل التطبيق وتذاكر الخروج ومجموعات المسائل والقوالب - بحجم يسهل حمله والتنقل به.

مارس

يبدأ كل درس في يوريكا الرياضيات بسلسلة من أنشطة الإتقان النشطة والحيوية، بما في ذلك تلك الموجودة في ممارسة يوريكا الرياضيات. يمكن للطلاب الذين يجيدون حقائق الرياضيات الخاصة بهم إتقان المزيد من المواد بشكل أكثر عمقًا. مع كتاب الممارسة يبني الطلاب الكفاءة في المهارات المكتسبة حديثًا ويعزّز التعلم السابق استعدادًا للدرس التالي.

يوفر كتابا التعلم والممارسة كافة المواد المطبوعة التي سيستخدمها الطلاب لتدريس الرياضيات الأساسية.

إنجح

يُمكن قسم النجاح يوريكا الرياضيات الطلاب من العمل بشكل فردي نحو الإتقان. تضفي مجموعات المسائل الإضافية محاذاة الدرس تلو الدرس مع تعليمات الفصل الدراسي أجواء مثالية للاستخدام كواجب منزلي أو تدريب إضافي. يرافق مساعد الواجبات المنزلية كل مجموعة مسائل، وهي عبارة عن الأمثلة العملية التي توضح كيفية حل المسائل المماثلة.

يمكن للمعلمين والمربيين استخدام كتب النجاح من مستويات الصف السابق كأدوات متوافقة مع المناهج لملء الفجوات في المعرفة التأسيسية. سيرتقي مستوى الطلاب ويتقدمون بشكل أسرع حيث تسهّل النماذج المألوفة الاتصال بمحتواهم الحالي على مستوى الصف.

EUREKA MATH®

الطلاب والأسر والمعلمين:

نشكرك على كونك جزءًا من مجتمع يوريكا الرياضيات®، حيث نحتفل برونق الرياضيات وتساؤلاتها وإثاراتها.

لا شيء يضاهي رضاء النجاح - كلما أصبح الطلاب الأكفاء أكثر، كلما زاد الدافع والمشاركة. يوفر كتاب يوريكا الرياضيات إنجح التوجيه والممارسة الإضافية التي يحتاجها الطلاب لدعم المعرفة التأسيسية وبناء الإتقان بمواد جديدة.

ماذا يحوي بين دفتي *كتاب النجاح*؟

تقدم كتب يوريكا الرياضيات إنجح مجموعات الممارسة المدعومة الموازية لدروس قصة الوحدات. يبدأ كل درس إنجح بمجموعة *من الأمثلة العملية، تسمى مساعدو الواجبات المنزلية، والتي توضح النمذجة والمنطق الذي يستخدمه المنهج لبناء الفهم.* بعد ذلك، يتلقى الطلاب تمارين تصاعدية الصعوبة من خلال سلسلة من المشاكل المتسلسلة بعناية للبدء من مكان الثقة وإضافة التعقيد المتزايد.

كيفية استخدام *كتاب إنجح*؟

يمكن استخدام مجموعة كتب إنجح كإرشادات متباينة أو ممارسة أو واجبات منزلية أو تدخل. عند الاقتران مع Affirm®، نظام التقييم الرقمي الخاص بيوريكا الرياضيات، تُمكّن دروس إنجح المعلمين من إعطاء الممارسة المستهدفة وتقييم تقدم الطلاب. يضمن التوافق الناجح لـ إنجح مع النماذج الرياضية واللغة المستخدمة عبر قصة وحدات أن يشعر الطلاب بالصلات والارتباط بتعليمهم اليومي ، سواء كانوا يعملون على المهارات التأسيسية أو يحصلون على ممارسة إضافية حول الموضوع الحالي.

أين يمكنني معرفة المزيد عن موارد يوريكا الرياضيات؟

يلتزم فريق Great Minds® بدعم الطلاب والأسر والمعلمين من خلال مكتبة من الموارد المتزايدة باستمرار والمتوفرة على eureka-math.org. *يقدم الموقع أيضًا قصصًا ملهمة عن النجاح في مجتمع يوريكا الرياضيات. شارك أفكارك وإنجازاتك مع زملائك المستخدمين من خلال أن تصبح بطل يوريكا الرياضيات.*

أطيب التمنيات لسنة مليئة بلحظات مبهرة!

Jill Diniz

جيل دينيز
مدير الرياضيات
Great Minds

المحتويات

الوحدة 4: القيمة المكانية، والمقارنة، والجمع والطرح إلى 40

الموضوع أ: عشرات وآحاد

الدرس 1 3
الدرس 2 7
الدرس 3 11
الدرس 4 15
الدرس 5 19
الدرس 6 23

الموضوع ب: مقارنة بين أزاوج الأعداد المكونة من رقمين

الدرس 7 27
الدرس 8 33
الدرس 9 37
الدرس 10 41

الموضوع ج: جمع وطرح العشرات

الدرس 11 45
الدرس 12 49

الموضوع د: جمع العشرات أو الآحاد مع الأعداد المكونة من رقمين

الدرس 13 53
الدرس 14 57
الدرس 15 61
الدرس 16 65
الدرس 17 69
الدرس 18 73

الموضوع هـ: أنواع المسائل المختلفة ضمن العدد 20

الدرس 19 77
الدرس 20 81
الدرس 21 85
الدرس 22 89

الموضوع و: جمع العشرات أو الآحاد مع الأعداد المكونة من رقمين

الدرس 23	93
الدرس 24	97
الدرس 25	101
الدرس 26	105
الدرس 27	109
الدرس 28	113
الدرس 29	117

الوحدة 5: تحديد وتكوين وتقسيم الأشكال

الموضوع أ: سمات الأشكال

الدرس 1	123
الدرس 2	129
الدرس 3	133

الموضوع ب: العلاقات الجزئية داخل الأشكال المركبة

الدرس 4	137
الدرس 5	141
الدرس 6	147

الموضوع ج: أنصاف وأرباع المستطيلات والدوائر

الدرس 7	151
الدرس 8	155
الدرس 9	159

الموضوع د: تطبيق الأنصاف لتحديد الوقت

الدرس 10	163
الدرس 11	167
الدرس 12	171
الدرس 13	175

الوحدة 6: القيمة المكانية والمقارنة والجمع والطرح إلى 100

الموضوع أ: مسائل كلامية خاصة بالمقارنة

الدرس 1	181
الدرس 2	185

الموضوع ب: الأعداد إلى 120

الدرس 3	....	189
الدرس 4	....	193
الدرس 5	....	197
الدرس 6	....	201
الدرس 7	....	205
الدرس 8	....	209
الدرس 9	....	213

الموضوع ج: الجمع إلى 100 باستخدام فهم القيمة المكانية

الدرس 10	....	217
الدرس 11	....	221
الدرس 12	....	225
الدرس 13	....	229
الدرس 14	....	233
الدرس 15	....	237
الدرس 16	....	241
الدرس 17	....	245

الموضوع د: استراتيجيات القيمة المكانية المختلفة للجمع إلى 100

الدرس 18	....	249
الدرس 19	....	253

الموضوع هـ: العملات النقدية وقيمها

الدرس 20	....	257
الدرس 21	....	261
الدرس 22	....	265
الدرس 23	....	269
الدرس 24	....	273

الموضوع و: مجموعة من المسائل المختلفة ضمن العدد 20

الدرس 25	....	277
الدرس 26	....	281
الدرس 27	....	285

الموضوع ز: الخبرات النهائية

الدرس 28	....	289
الدرس 29	....	293
الدرس 30	....	295

الصف 1
الوحدة 4

1. ارسم دوائر حول مجموعات من 10. اكتب الرقم لإظهار إجمالي عدد الكائنات.

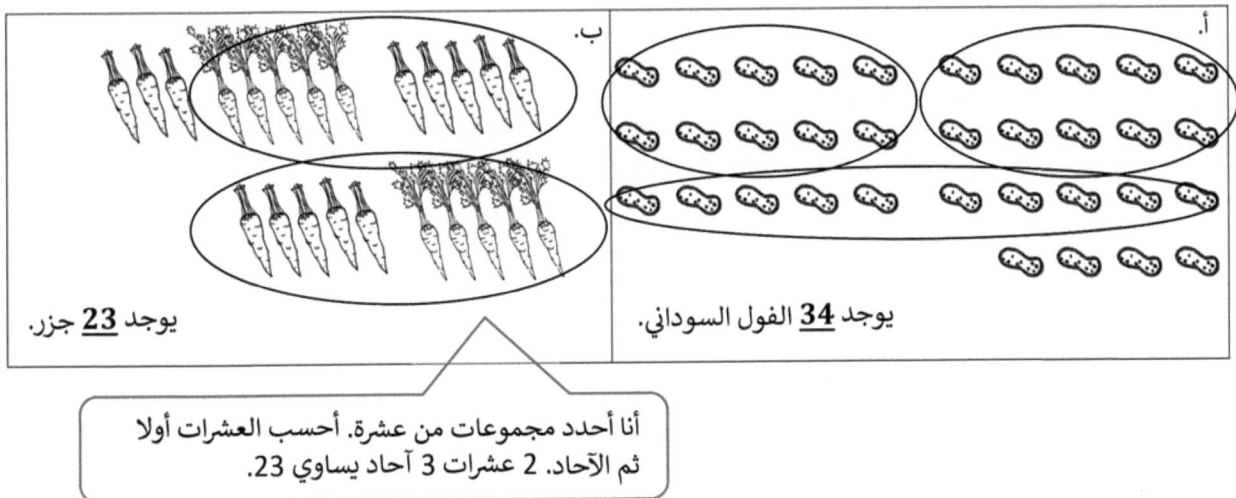

أ.

يوجد **34** الفول السوداني.

ب.

يوجد **23** جزر.

أنا أحدد مجموعات من عشرة. أحسب العشرات أولا ثم الآحاد. 2 عشرات 3 آحاد يساوي 23.

2. أنشيء رابط رقمي لإظهار العشرات والآحاد. ارسم دوائر حول العشرات للمساعدة. اكتب الرقم لإظهار إجمالي عدد الكائنات.

أ.

أعتقد أن 10 و20 و8 تساوي 28.

ب.

عندما أحسب بعشرة أعواد، يكون العد أسرع. 10، 20، 30، 31، 32، 33، ...، 39.

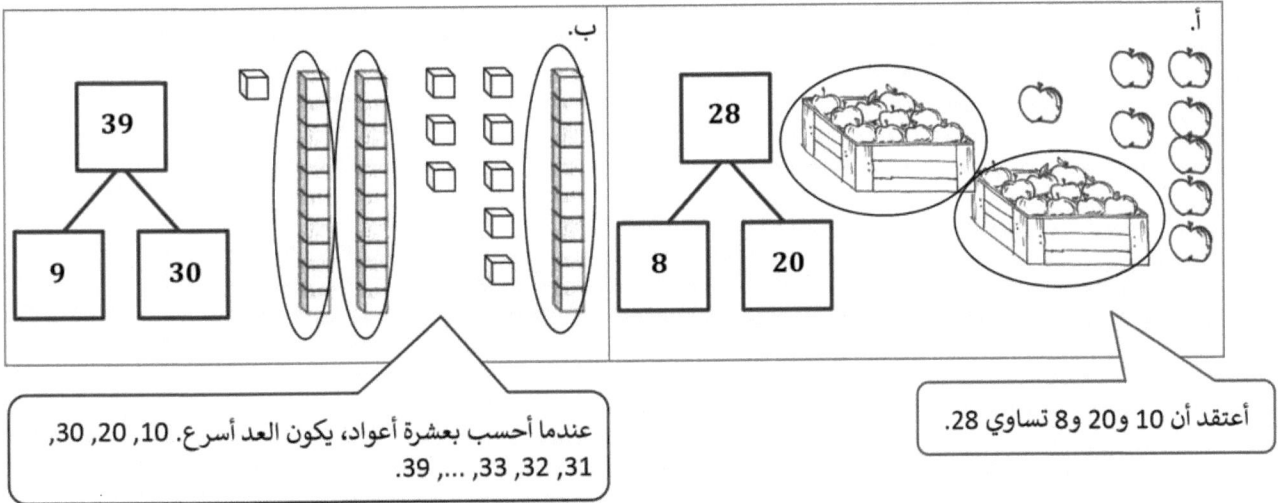

أنشيء أو أكمل الرسم الرياضي لإظهار العشرات والآحاد. أكمل الروابط الرقمية.

.3

.4

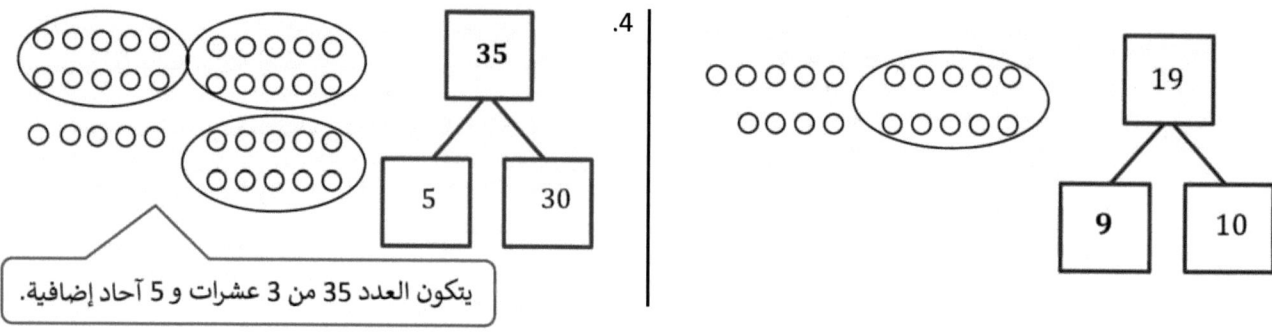

الاسم ______________________________ التاريخ ______________

ارسم دوائر حول مجموعات من 10. اكتب الرقم لإظهار إجمالي عدد الكائنات.

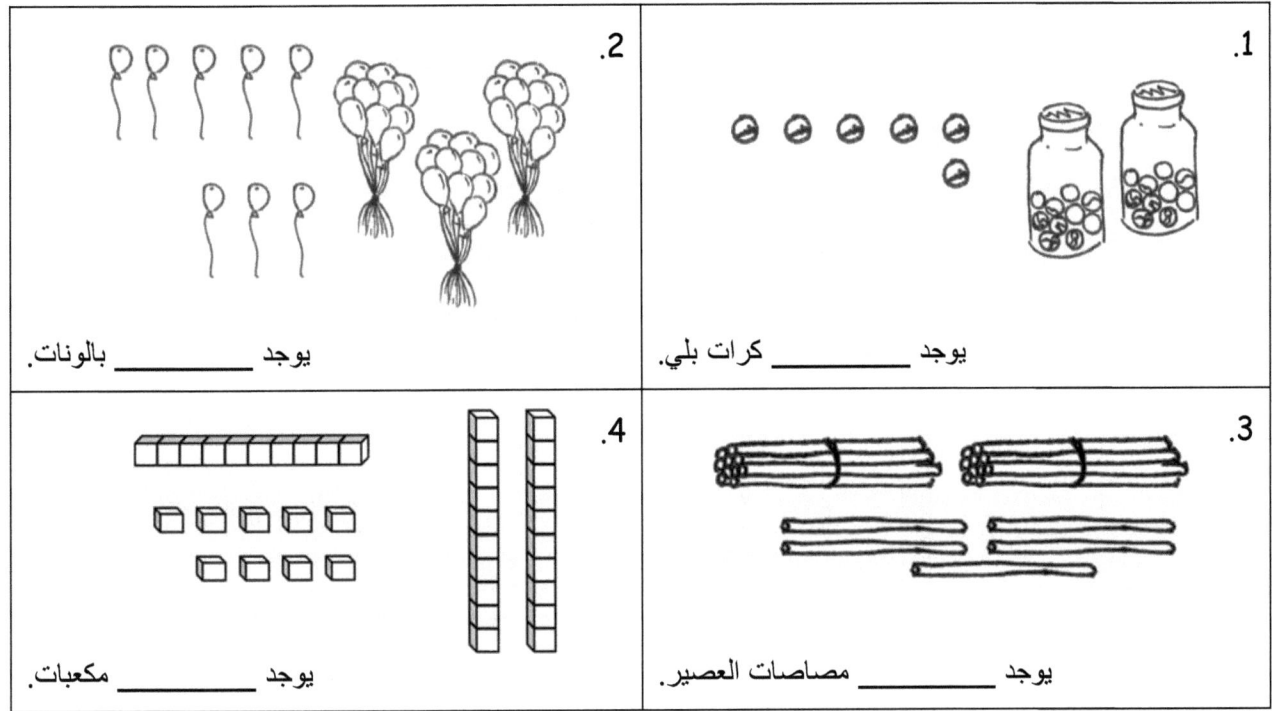

.1

يوجد ________ كرات بلي.

.2

يوجد ________ بالونات.

.3

يوجد ________ مصاصات العصير.

.4

يوجد ________ مكعبات.

أنشيء رابط رقمي لإظهار العشرات والآحاد. ارسم دوائر حول العشرات للمساعدة.
اكتب الرقم لإظهار إجمالي عدد الاشياء.

.5

يوجد ________علب العصير.

.6

يوجد ________ أقلام تلوين.

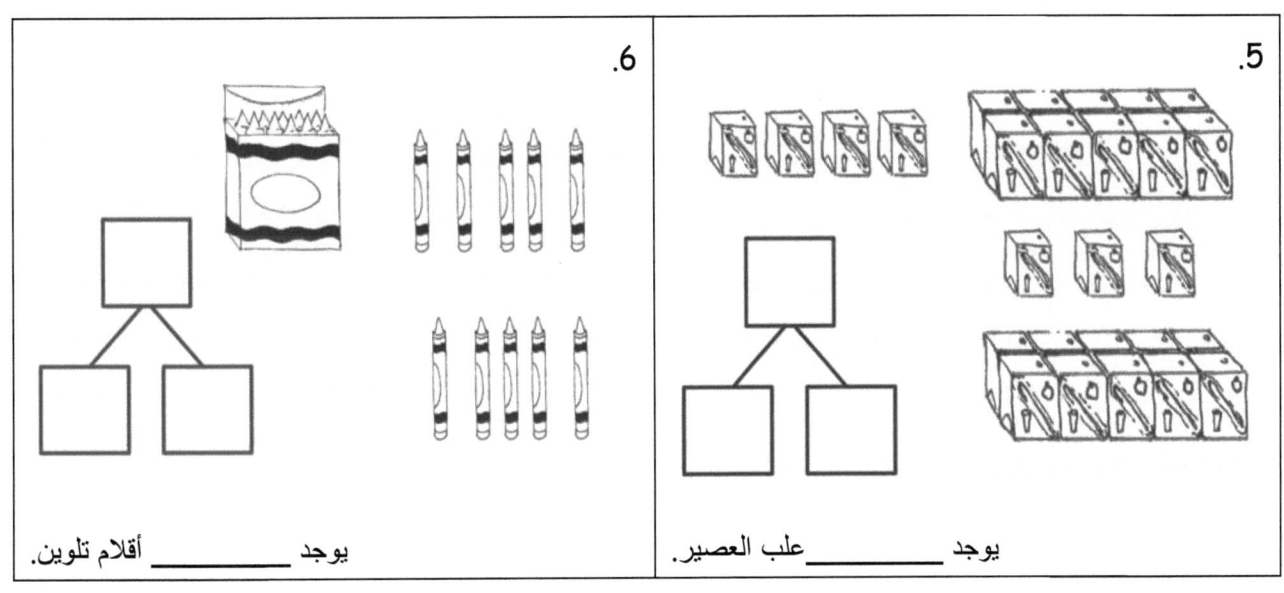

أنشيء رابط رقمي لإظهار العشرات والآحاد. ارسم دوائر حول العشرات للمساعدة. اكتب الرقم لإظهار إجمالي عدد الاشياء.

7. يوجد _____ مكعبات.

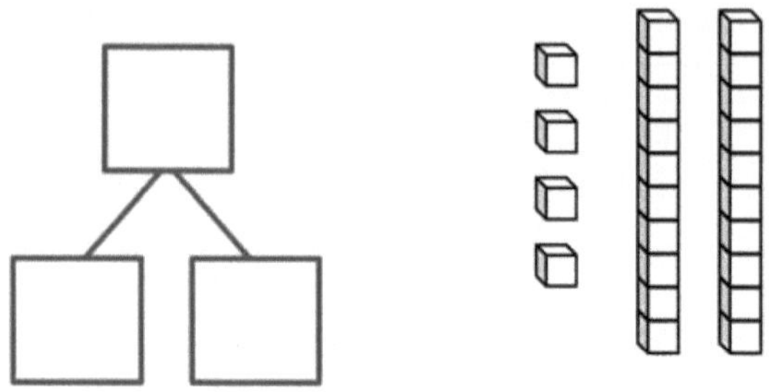

8. يوجد _____ مكعبات.

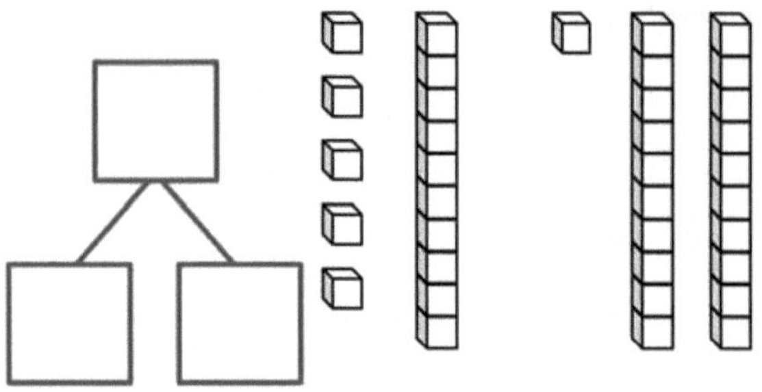

9. يوجد _____ مكعبات.

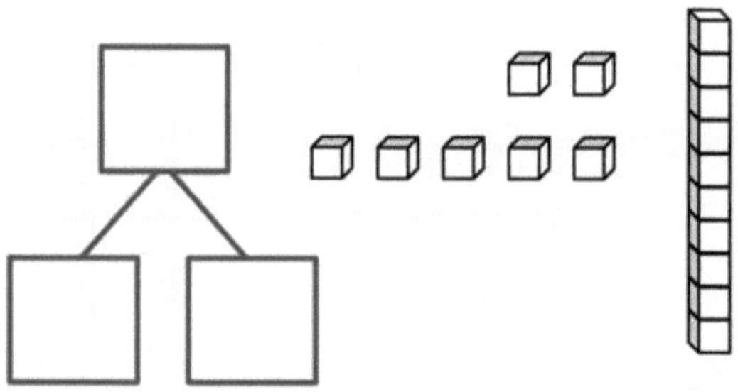

10. يوجد _____ مكعبات.

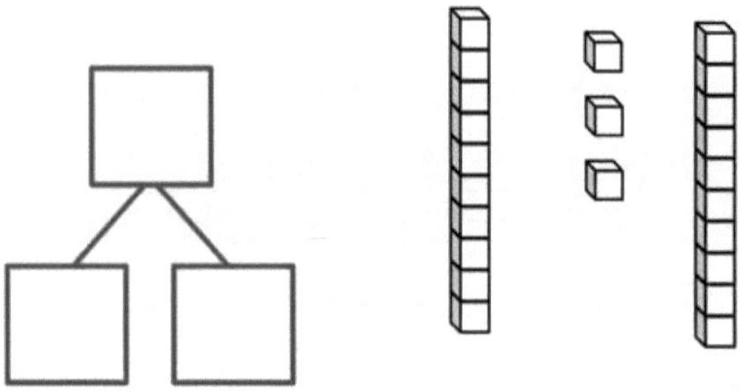

أنشيء أو أكمل الرسم الرياضي لإظهار العشرات والآحاد. أكمل الروابط الرقمية.

11.

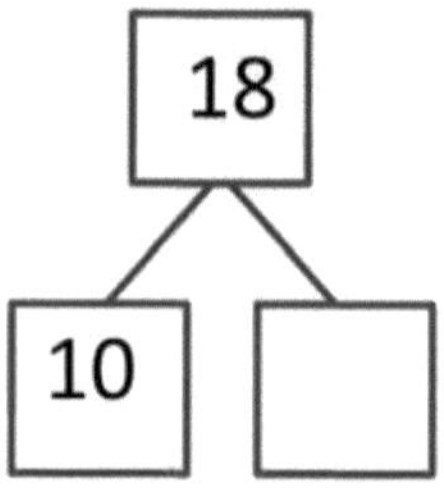

12.

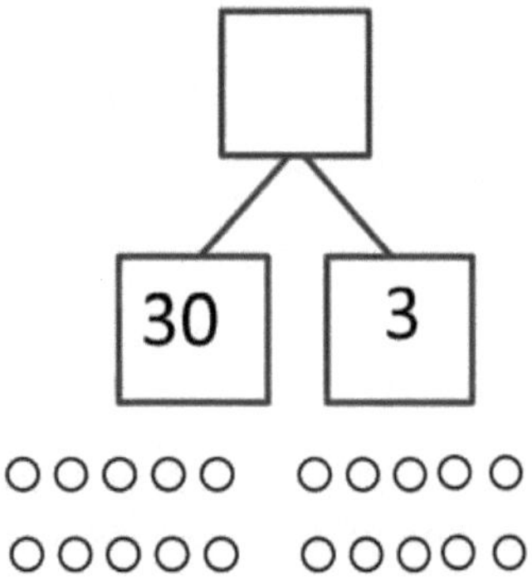

اكتب العشرات والآحاد. أكمل الجملة.

.1

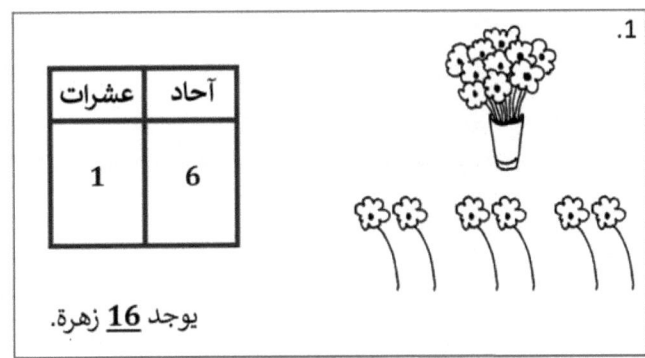

آحاد	عشرات
6	1

يوجد **16** زهرة.

في العدد 16، يشير العدد 1 إلى 1 عشرة. يشير العدد 6 إلى 6 آحاد.

اكتب العشرات والآحاد. أكمل الجملة.

.2

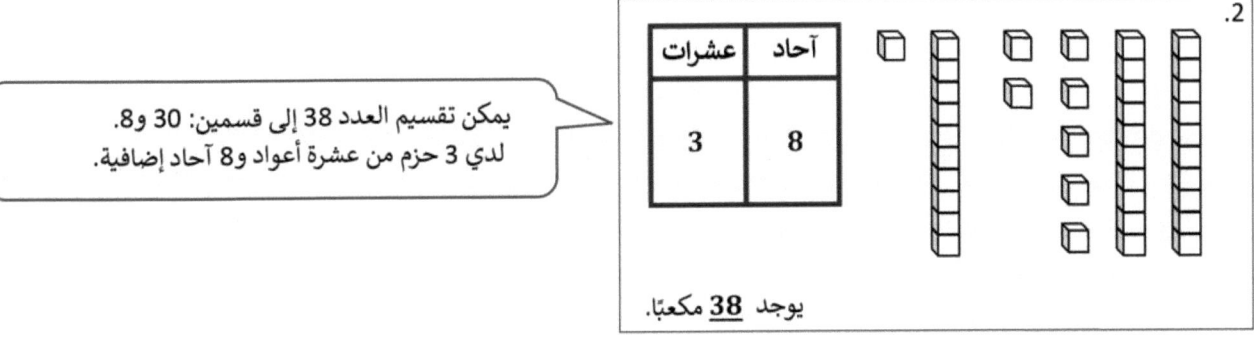

آحاد	عشرات
8	3

يوجد **38** مكعبًا.

يمكن تقسيم العدد 38 إلى قسمين: 30 و8.
لدي 3 حزم من عشرة أعواد و8 آحاد إضافية.

اكتب الأرقام الناقصة. انطقها بالطريقة العادية وبطريقة العشرات.

.3

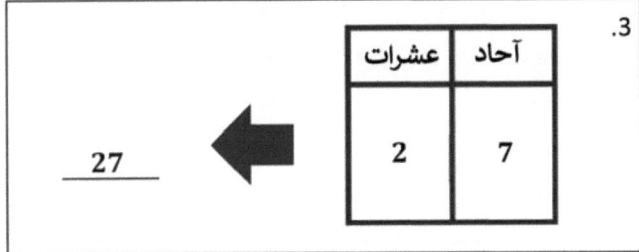

آحاد	عشرات
7	2

← 27

أنظر إلى مخطط القيمة المكانية. عشرتان و7 آحاد يساويان 27. يمكنني أن أقول أن العد بالعشرات: عشرتان و7.

4. اختار رقمًا أقل من 40. أنشيء رسم رياضي لتمثيل ذلك الرقم. املأ الرابط الرقمي وضع مخطط القيمة.

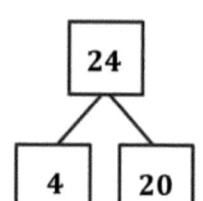

عشرات	آحاد
2	4

يمكنني إنشاء رسم عمود المجموعات الخمس. أرسم عشرتين و4 آحاد. 24 تساوي 20 و4.

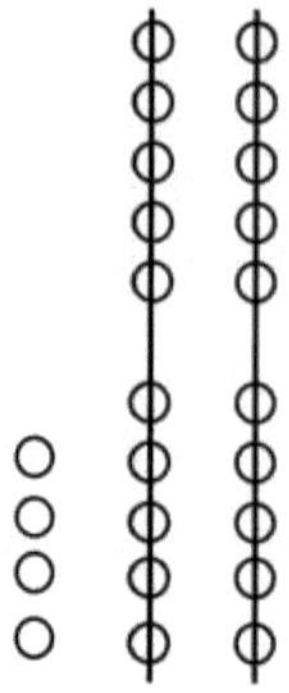

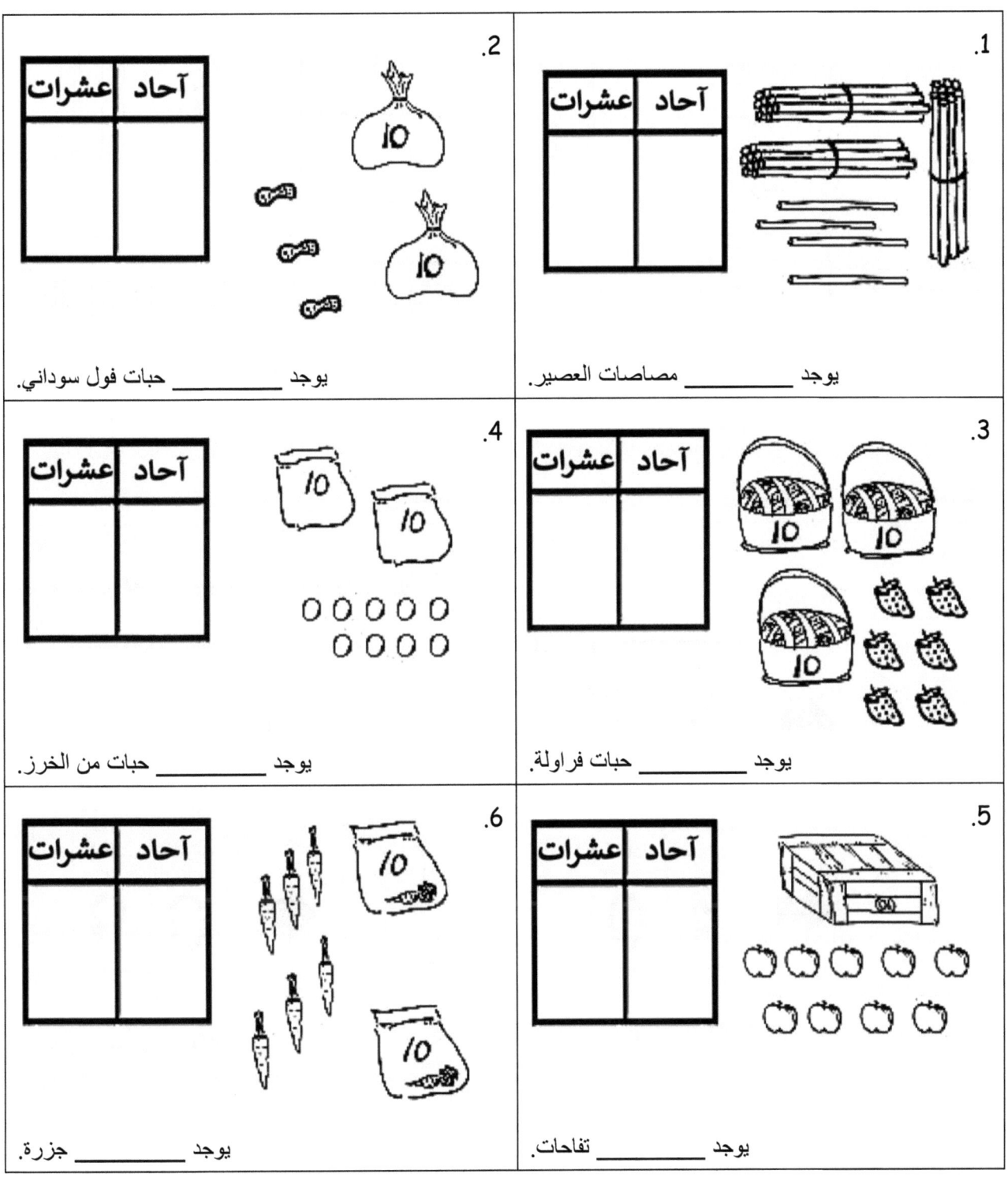

اكتب العشرات والآحاد. أكمل الجملة.

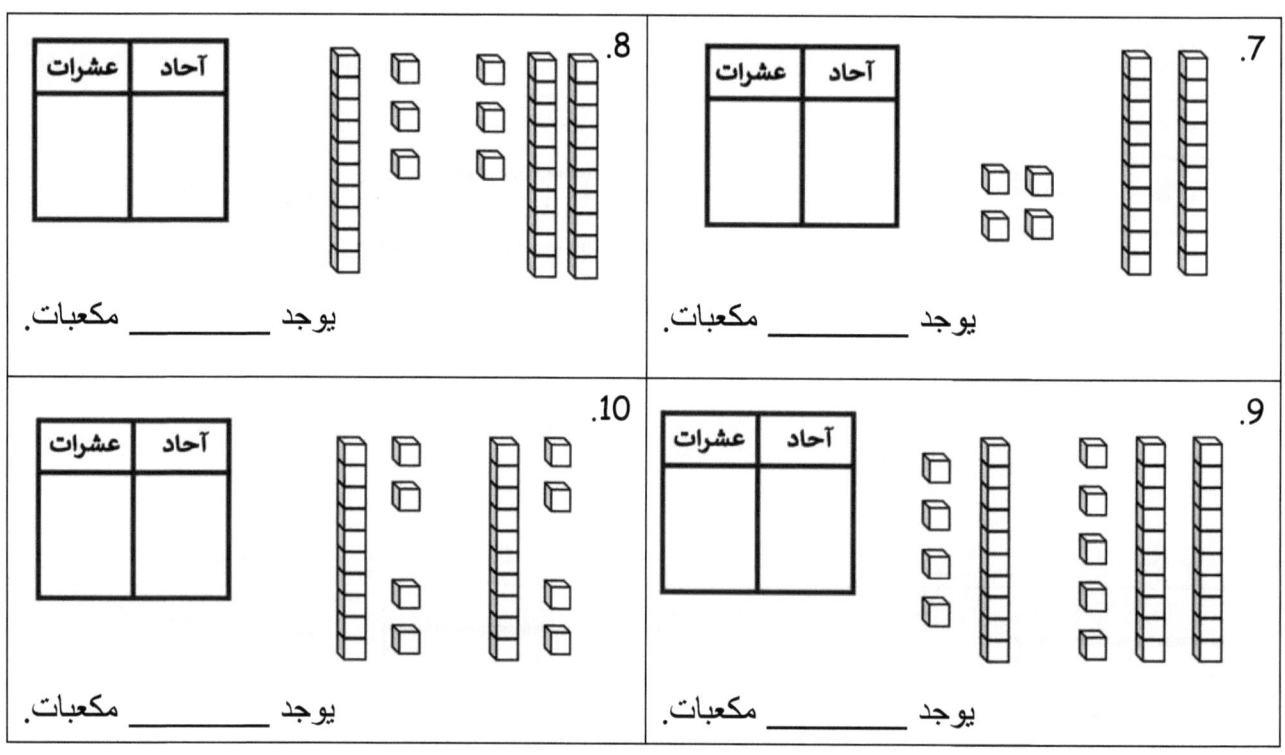

7.

آحاد	عشرات

يوجد ________ مكعبات.

8.

آحاد	عشرات

يوجد ________ مكعبات.

9.

آحاد	عشرات

يوجد ________ مكعبات.

10.

آحاد	عشرات

يوجد ________ مكعبات.

اكتب الأرقام الناقصة. انطقها بالطريقة العادية وبطريقة العشرات.

11.

آحاد	عشرات

← 23

12.

آحاد	عشرات
2	3

← ______

13.

آحاد	عشرات
9	0

← ______

14.

آحاد	عشرات
0	4

← ______

15. اختار رقمًا أقل من 40.

أنشيء رسم رياضي لتمثيله، واملأ الرابط الرقمي ومخطط القيمة المكانية.

آحاد	عشرات

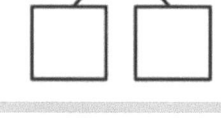

1. عد أكبر عدد ممكن من العشرات. أكمل الجملة. انطق الأرقام والجمل.

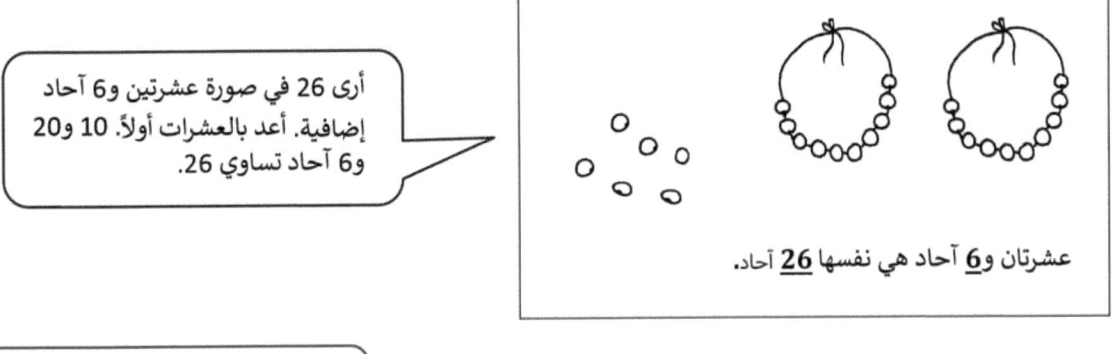

عشرتان و6 آحاد هي نفسها 26 آحاد.

أرى 26 في صورة عشرتين و6 آحاد إضافية. أعد بالعشرات أولاً. 10 و20 و6 آحاد تساوي 26.

املأ الأرقام الناقصة.

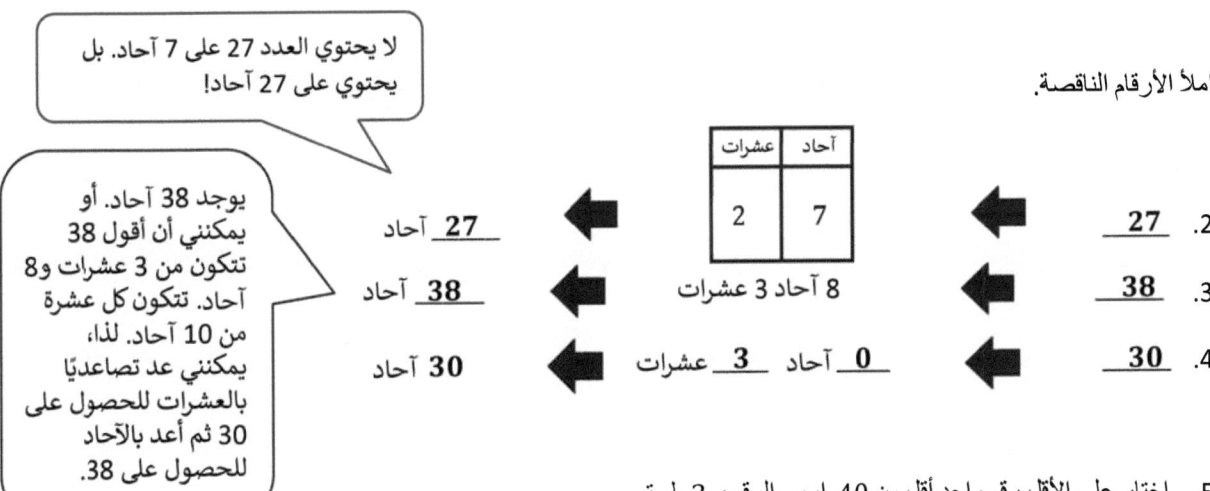

لا يحتوي العدد 27 على 7 آحاد. بل يحتوي على 27 آحاد!

يوجد 38 آحاد. أو يمكنني أن أقول 38 تتكون من 3 عشرات و8 آحاد. تتكون كل عشرة من 10 آحاد. لذا، يمكنني عد تصاعديًا بالعشرات للحصول على 30 ثم أعد بالآحاد للحصول على 38.

2. 27 ←

آحاد	عشرات
7	2

← 27 آحاد

3. 38 ← 8 آحاد 3 عشرات ← 38 آحاد

4. 30 ← 0 آحاد 3 عشرات ← 30 آحاد

5. اختار على الأقل رقم واحد أقل من 40. ارسم الرقم بـ 3 طرق.

مثل العنب:	في الرابط الرقمي:	في مخطط القيمة المكانية:
		آحاد: 6، عشرات: 1

أرسم مجموعة واحدة من 10 حبات عنب نظرًا لأن العدد 16 يحتوي على عشرة واحدة. ثم أرسم 6 حبات عنب إضافية لتوضيح 6 آحاد. يمكنني التفكير في العدد 16 في صورة عشرة واحدة و6 آحاد أو

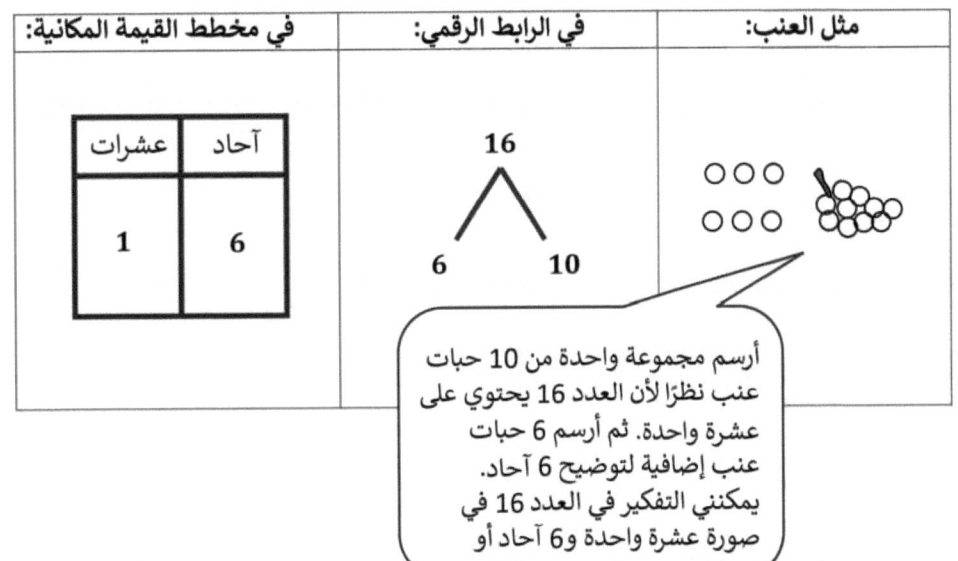

الاسم ____________ التاريخ ____________

عد أكبر عدد ممكن من العشرات. أكمل كل عبارة. انطق الأرقام والجمل.

.1

عشرات _____ آحاد يساوي

نفس _____ آحاد.

.2

عشرات _____ آحاد يساوي

نفس _____ آحاد.

.3

عشرات _____ آحاد يساوي

نفس _____ آحاد.

.4

عشرات _____ آحاد يساوي

نفس _____ آحاد.

املأ الأرقام الناقصة.

.5 _____ ←

عشرات	آحاد
2	9

← _____ آحاد

.6 34 ← ____ عشرات ____ آحاد ← ____ آحاد

.7 ____ ←

عشرات	آحاد
3	8

← ____ آحاد

.8 ____ ← 9 آحاد 3 عشرات ← ____ آحاد

.9 ____ ← ____ آحاد ____ عشرات ← 40 آحاد

.10 اختار على الأقل رقم واحد أقل من 40. ارسم الرقم بـ 3 طرق.

مثل العنب:	في الرابط الرقمي:	في مخطط القيمة المكانية:
		عشرات / آحاد

14 الدرس 3: اشرح الأعداد المكونة من رقمين كأنها عشرات وبعض الأحاد أو كأنها كلها آحاد.
EUREKA MATH

Copyright © Great Minds PBC

1. املأ الرابط الرقمي، أو اكتب العشرات والآحاد. أكمل جمل الجمع.

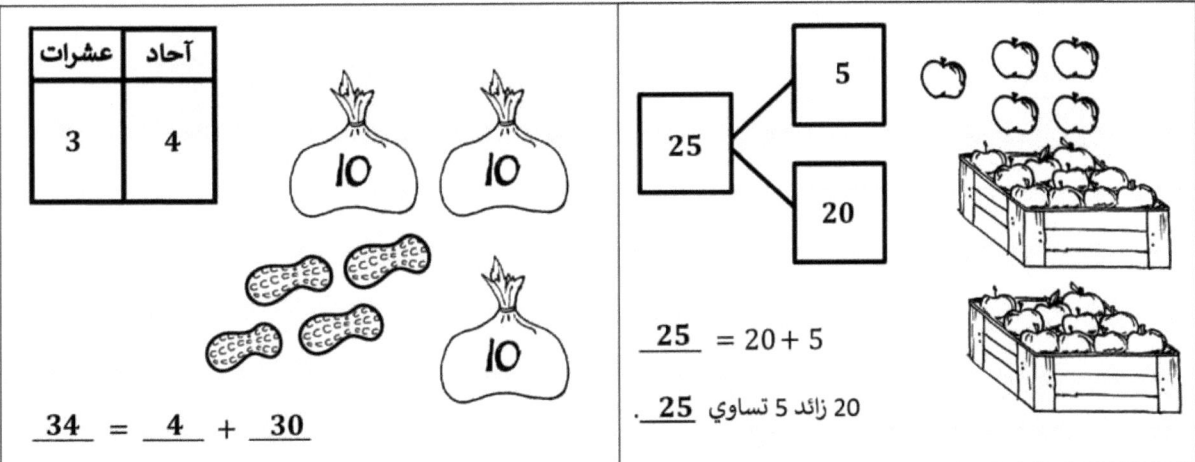

آحاد	عشرات
4	3

34 = 4 + 30

25 → 5 ، 20

25 = 20 + 5

20 زائد 5 تساوي 25 .

وتعتبر 3 عشرات و4 آحاد هي نفسها العدد 34. يوضع العدد 3 في منزلة العشرات، والعدد 4 في منزلة الآحاد.

يمكنني وضع رابطة رقمية توضح العشرات والآحاد، ويمكنني فك العدد 25 إلى 20 و5.

2. وصل الصور بالكلمات.

يجمع هذا البيان بين العشرات والآحاد!

2 زائد 30 تساوي 32.

27 = 7 + 20

يمكنني كتابة جملة رقمية بالعشرات أولاً، أو يمكنني كتابتها بالآحاد أولاً، مثل 7 + 20 = 27. يحدد الرقم الأول عدد العشرات الموجودة، ويحدد العدد الثاني عدد الآحاد الموجودة.

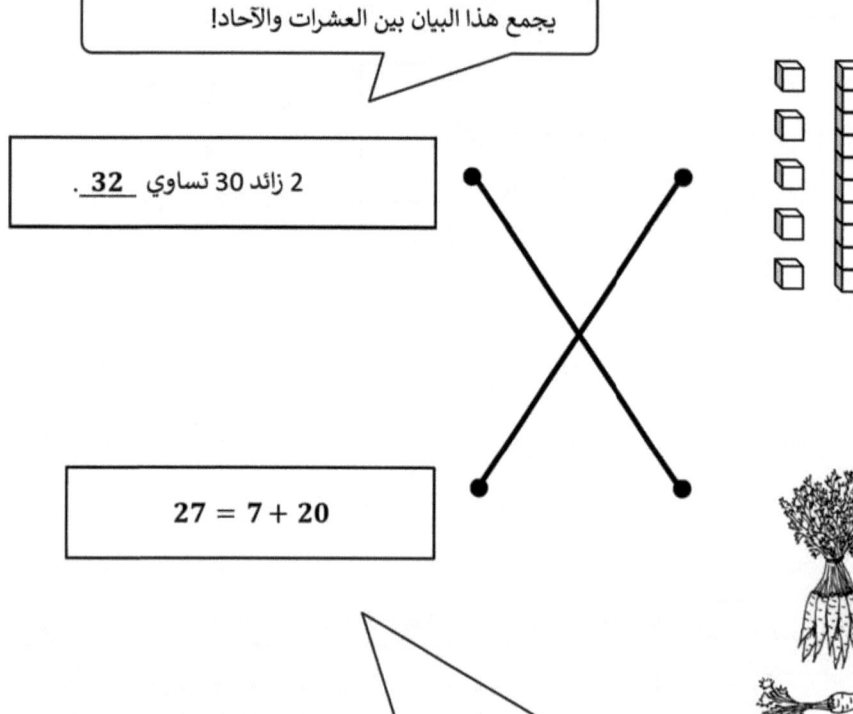

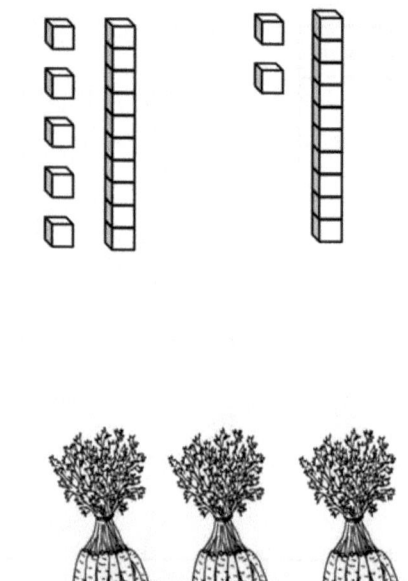

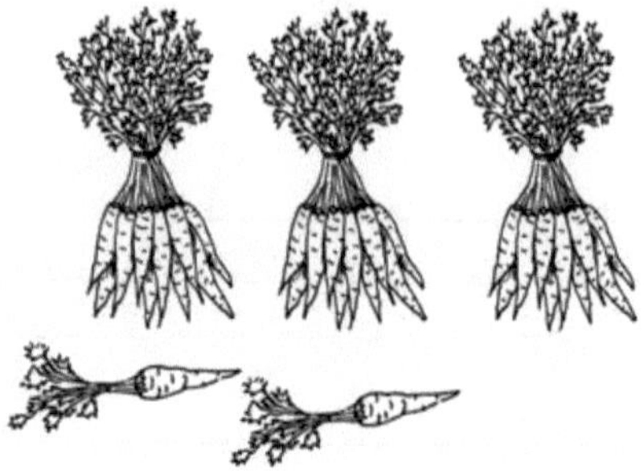

الاسم ______________________________ التاريخ ______________

املأ الرابط الرقمي، أو اكتب العشرات والآحاد. أكمل جمل الجمع.

.1

_____ = 20 + 3

20 أكثر من 3 يساوي _____

.2

_____ = 4 + 20

4 أكثر من 20 يساوي_____

.3

آحاد	عشرات

_____ = 20 + 7

.4

آحاد	عشرات

_____ = 30 + _____

.5

آحاد	عشرات

_____ = _____ + 20

.6

آحاد	عشرات

_____ = _____ + _____

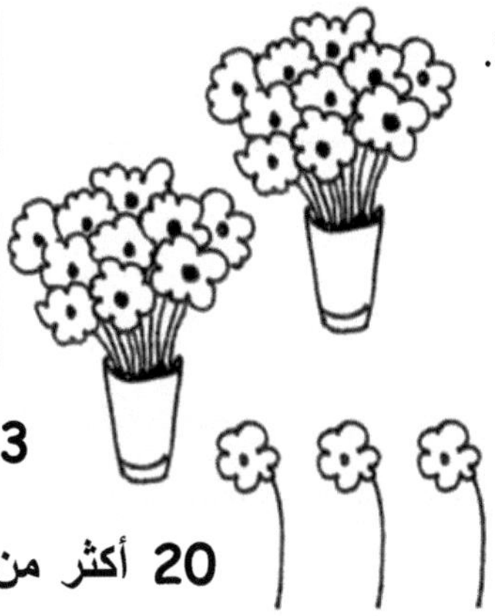

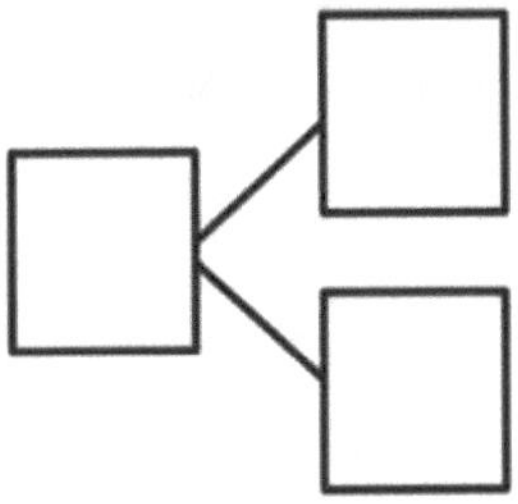

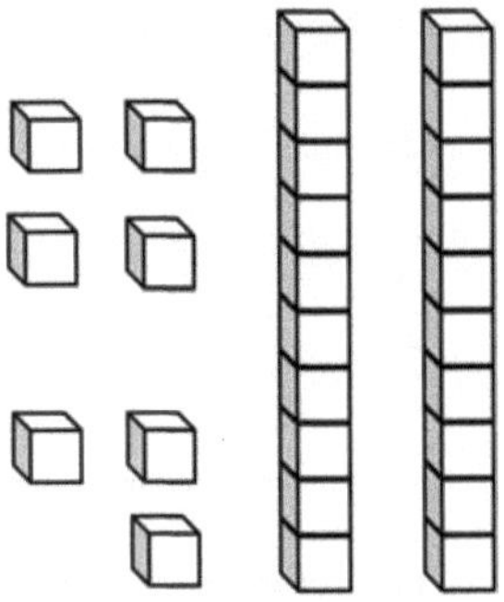

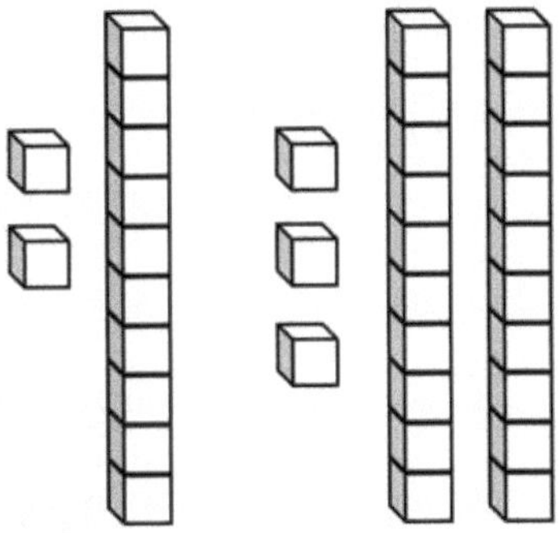

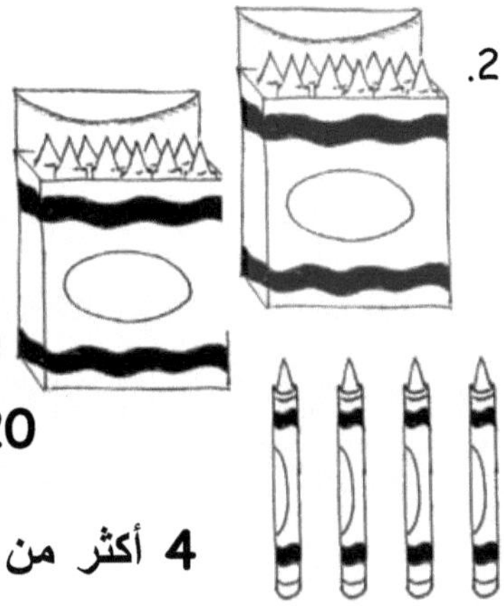

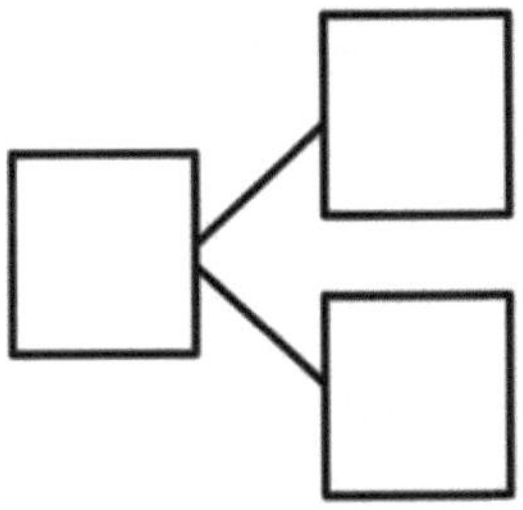

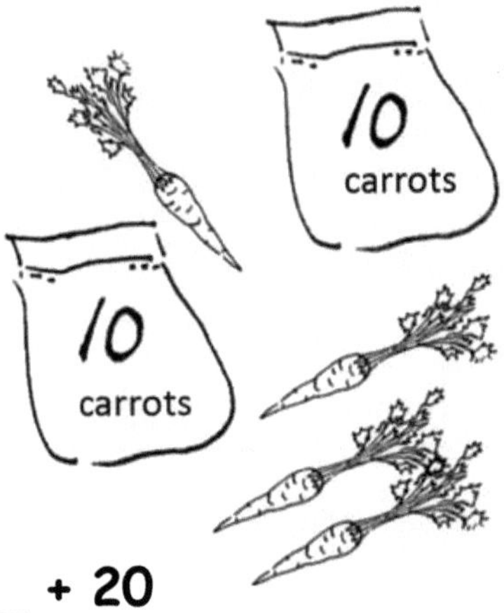

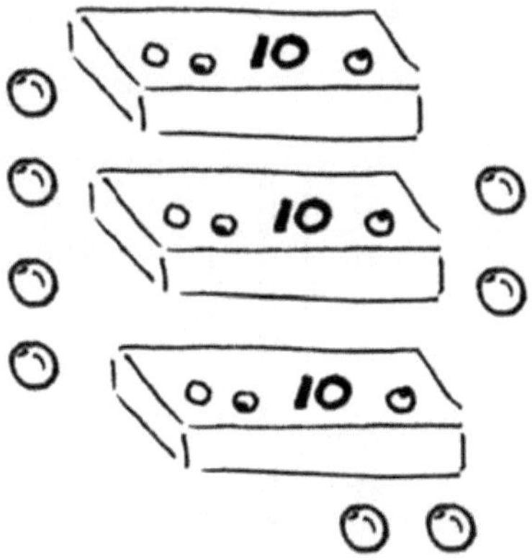

صل الصور بالكلمات.

7. 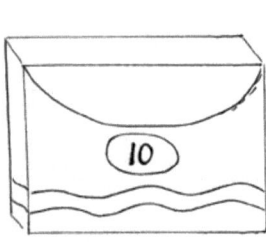   •   • 1 و30 تساوي _____ .

8.    •   • 8 + 30 = _____ .

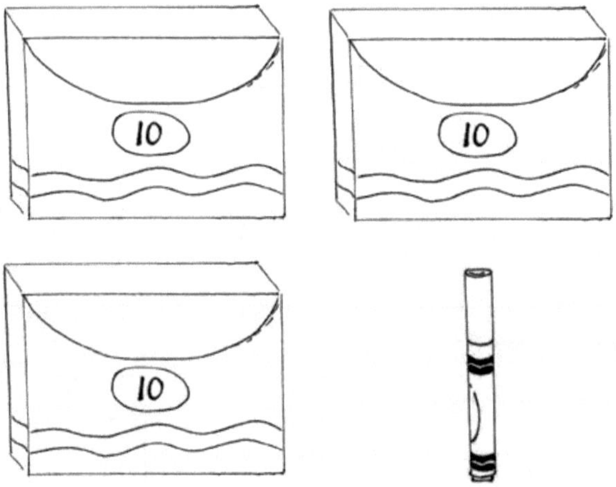

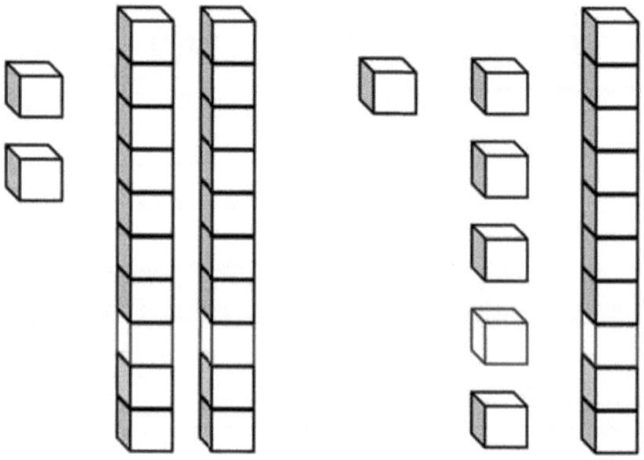

9. 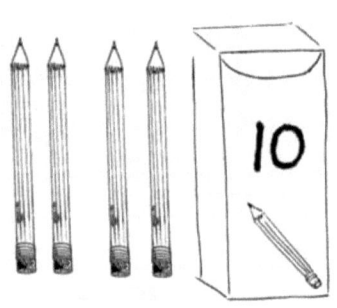   •   • 2 زائد 10 تساوي _____ .

10. 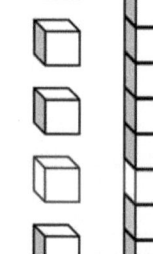   •   • 4 + 20 = _____ .

ارسم عشرات وآحاد بسرعة لعرض الرقم. ثم ارسم 1 أكثر من أو 10 أكثر.

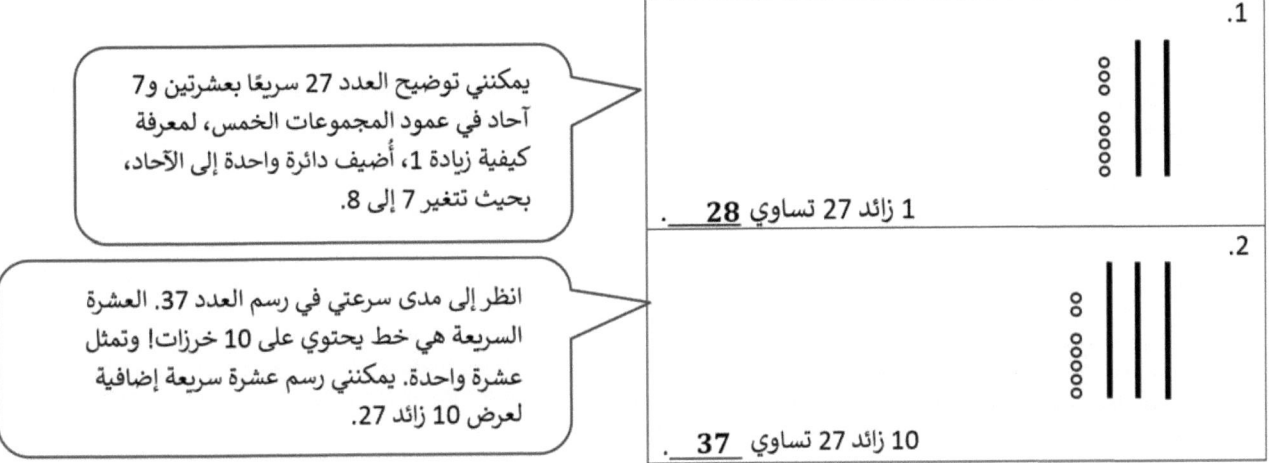

.1

1 زائد 27 تساوي **28** .

يمكنني توضيح العدد 27 سريعًا بعشرتين و7 آحاد في عمود المجموعات الخمس، لمعرفة كيفية زيادة 1، أضيف دائرة واحدة إلى الآحاد، بحيث تتغير 7 إلى 8.

.2

10 زائد 27 تساوي **37** .

انظر إلى مدى سرعتي في رسم العدد 37. العشرة السريعة هي خط يحتوي على 10 خرزات! وتمثل عشرة واحدة. يمكنني رسم عشرة سريعة إضافية لعرض 10 زائد 27.

ارسم عشرات وآحاد بسرعة لعرض الرقم. اشطب (x) لإظهار 1 أقل أو 10 أقل.

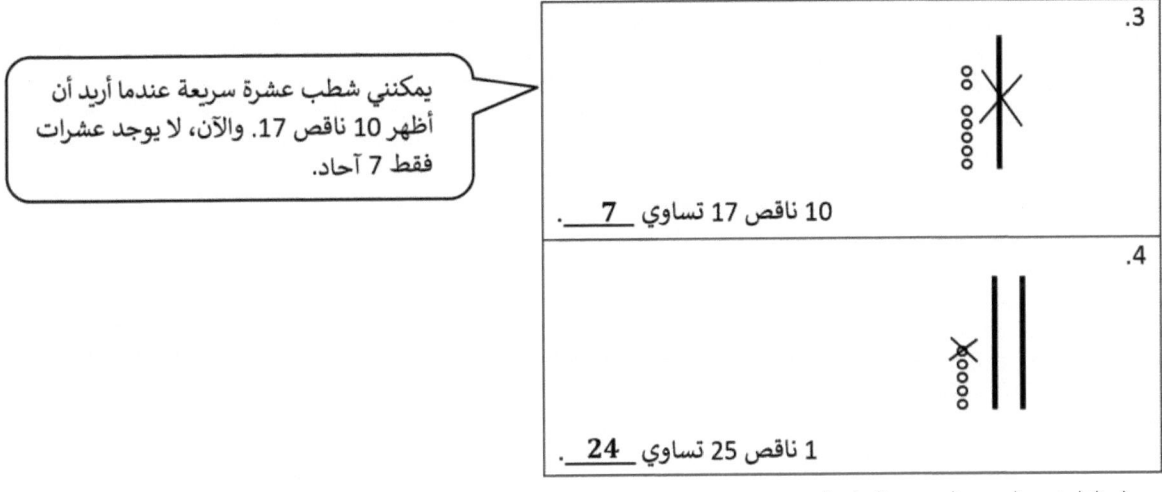

.3

10 ناقص 17 تساوي **7** .

يمكنني شطب عشرة سريعة عندما أريد أن أظهر 10 ناقص 17. والآن، لا يوجد عشرات فقط 7 آحاد.

.4

1 ناقص 25 تساوي **24** .

وصل الكلمات بالصور لعرض المبلغ الصحيح.

.5

.6

10 ناقص 23

10 ناقص 16

يتغير الرقم في منزلة العشرات عندما أفكر في 10 زائد 16. فالعدد الجديد هو 26. وهو عشرتان و6 آحاد.

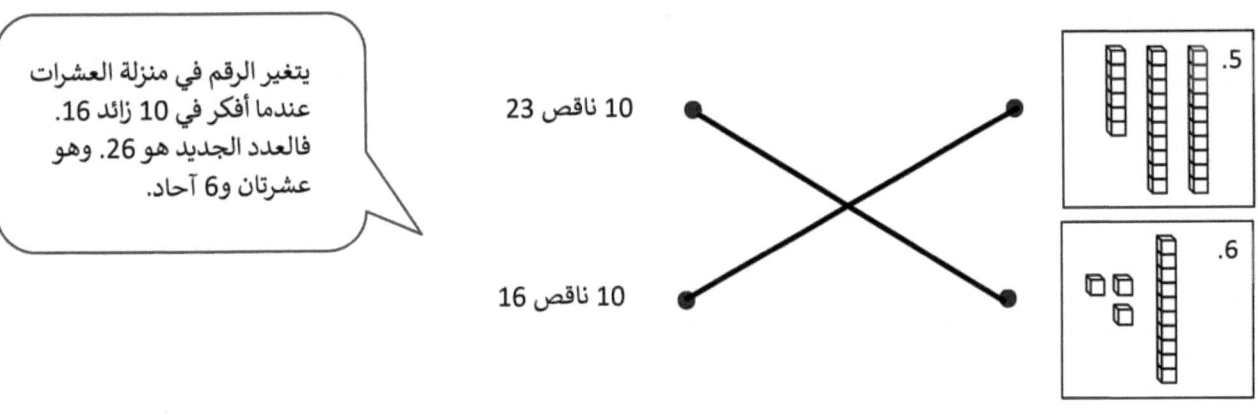

الاسم _____ التاريخ _____

ارسم عشرات وآحاد بسرعة لعرض الرقم. ثم ارسم 1 أكثر من أو 10 أكثر.

1.
1 أكثر من 38 يساوي _____

2.
10 أكثر من 38 يساوي _____

3.
1 أكثر من 35 يساوي _____

4.
10 أكثر من 35 يساوي _____

ارسم عشرات وآحاد بسرعة لعرض الرقم. اشطب (x) لإظهار 1 أقل أو 10 أقل.

5.
10 أقل من 23 يساوي _____

6.
1 أقل من 23 يساوي _____

7.
10 أقل من 31 _____

8.
1 أقل من 31 يساوي _____

الدرس 5 الواجبات المنزلية

وصل الكلمات بالصور لعرض المبلغ الصحيح.

9. 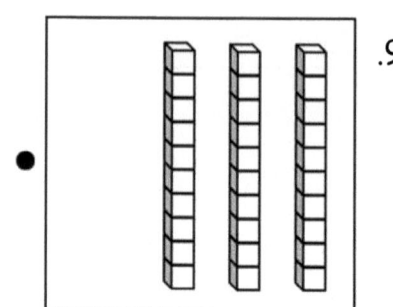 ● ● 1 أقل من 30.

10. 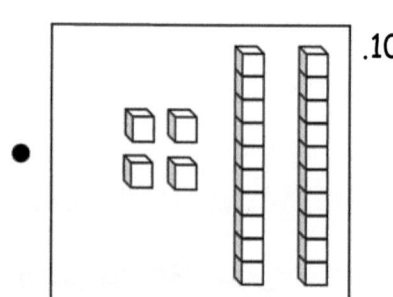 ● ● أكثر من 23.

11. 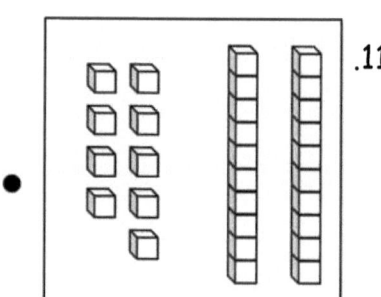 ● ● 10 أقل من 36.

12. 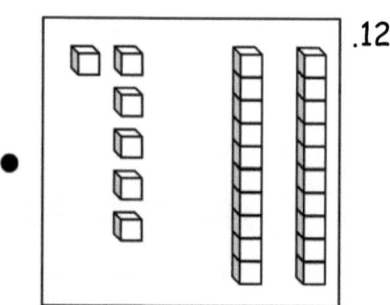 ● ● 10 أكثر من 20.

املأ مخطط القيمة المكانية والفراغات.

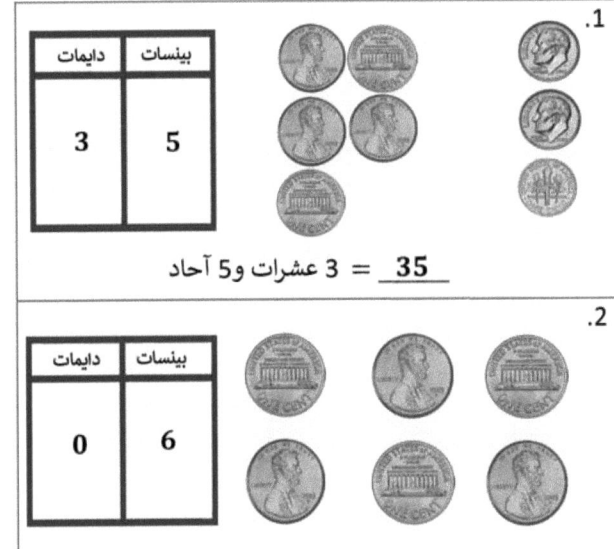

.1

دايمات	بينسات
3	5

35 = 3 عشرات و5 آحاد

دايم واحد يساوي قيمة 10 بنسات، ولكنها فيقط عملة معدنية واحدة. 3 دايمات و5 بنسات تساوي 3 عشرات و5 آحاد. وهي 35 سنتًا!

.2

دايمات	بينسات
0	6

6 = 0 عشرات 6 آحاد

لا أرى أي عشرات لعدم وجود أي دايمات. قيمة 6 بنسات هي 6 سنتات.

أكمل الفراغات. ارسم أو اشطب العشرات أو الآحاد على حسب الحاجة.

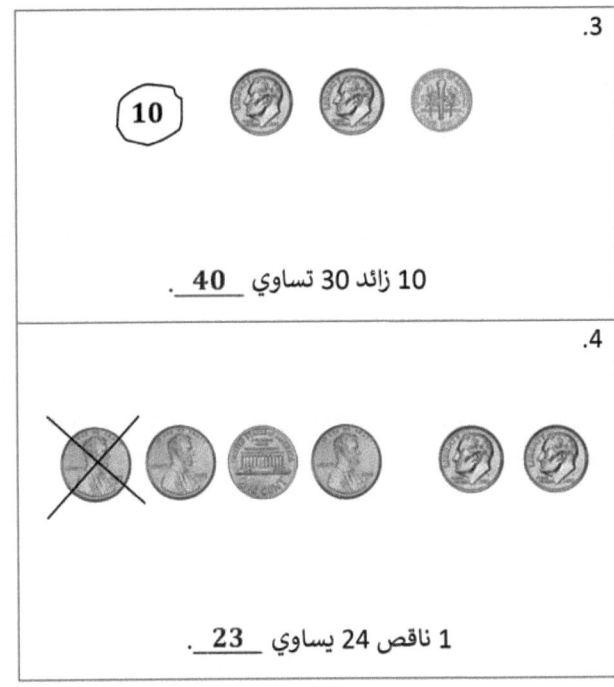

.3

10 زائد 30 تساوي 40.

يمكنني رسم دايم واحد إضافي نظرًا لأنني أريد إظهار 10 إضافية. لذا، 3 عشرات تتغير إلى 4 عشرات. 30 سنتًا + 10 سنتات = 40 سنتًا.

.4

1 ناقص 24 يساوي 23.

عندما أشطب على بنس واحد، أحصل على ناقص 1، أو 23 سنتًا. يمكنني كتابة هذا على مخطط القيمة المكانية الخاص بي في صورة عشرتين و3 آحاد.

الاسم ______________________ التاريخ ______________

أكمل مخطط القيمة المكانية والفراغات.

.1

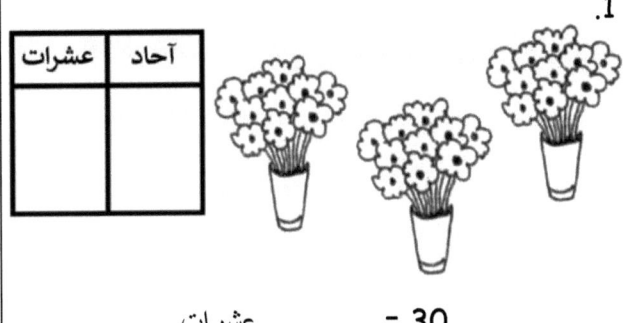

عشرات	آحاد

30 = ______ عشرات

.2

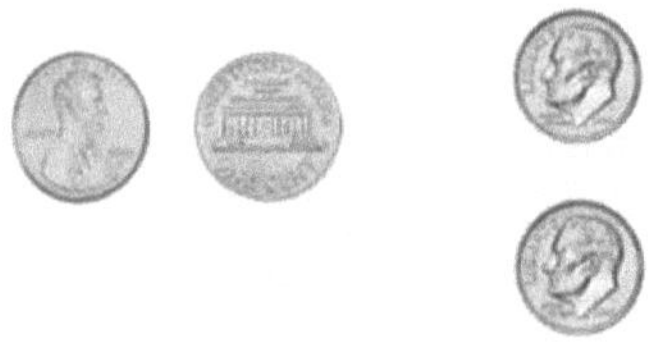

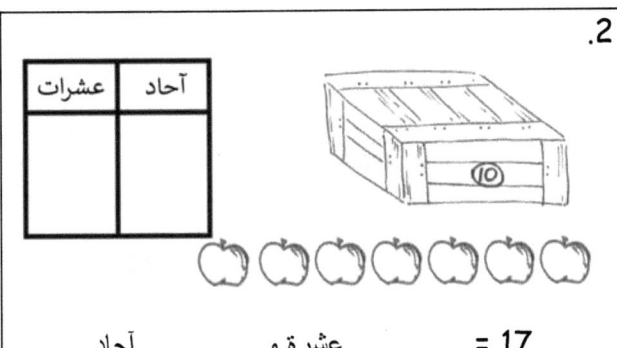

عشرات	آحاد

17 = ______ عشرة و ______ آحاد

.3

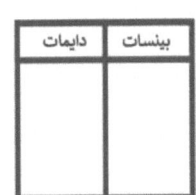

دايمات	بينسات

______ = 2 عشرة 2 آحاد

.4

دايمات	بينسات

______ = 3 عشرات 3 آحاد

.5

دايمات	بينسات

______ = ______ عشرات ______ آحاد

.6

دايمات	بينسات

______ = ______عشرات ______ آحاد

.7

عشرات	آحاد

______ = ______عشرة ______ آحاد

.8

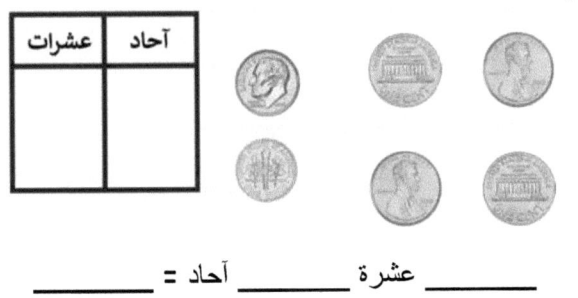

عشرات	آحاد

______ عشرة ______ آحاد = ______

الدرس 6 الواجبات المنزلية

أكمل الفراغات. ارسم أو اشطب العشرات أو الآحاد على حسب الحاجة.

10 زائد 25 تساوي **35**

9. 1 أكثر من 12 يساوي _____

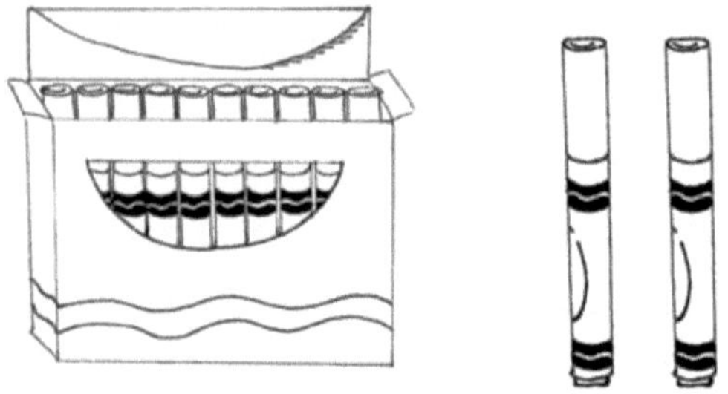

10. 10 أكثر من _____ يساوي

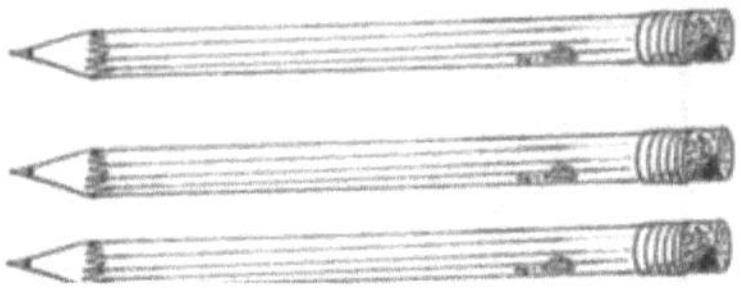

11. 10 أكثر من 22 يساوي _____

12. 1 أكثر من 22 يساوي _____

13. 1 أقل من 39 يساوي _____

14. 10 أقل من 39 يساوي _____

15. 10 أقل من 33 يساوي _____

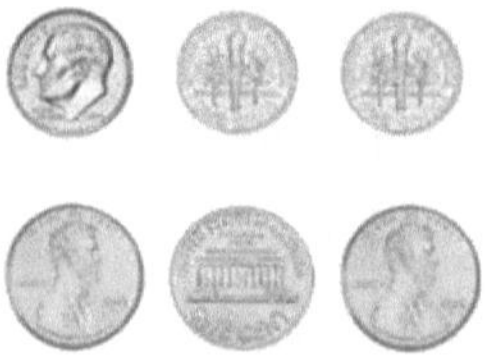

16. 1 أقل من 33 يساوي _____

اكتب الرقم، وارسم دائرة حول المجموعة الأكبر في كل زوج. قل عبارة لمقارنة المجموعتين.

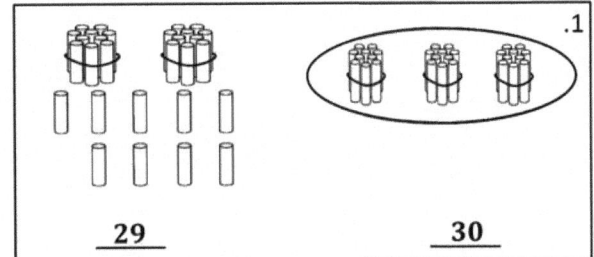

.1

29 — 30

أنظر إلى منزلة العشرات أولاً لإيجاد العدد الأكبر.
3 عشرات أكثر من عشرتين. لذا، 30 أكبر من 29.

ارسم دائرة حول العدد الأكبر في كل زوج.

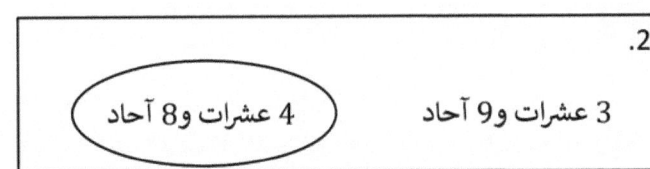

.2

3 عشرات و9 آحاد — 4 عشرات و8 آحاد

4 عشرات أكثر من 3 عشرات، لذا 48 أكبر من 39.

اكتب الرقم، وارسم دائرة حول المجموعة الأقل في كل زوج. قل عبارة لمقارنة المجموعتين.

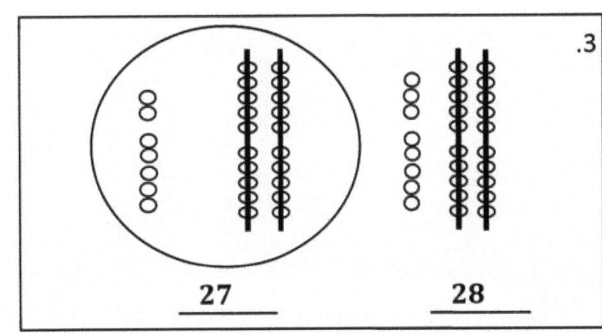

.3

28 — 27

أولاً، أنظر إلى منزلة العشرات وكلا العددين لديه عشرتين. ثانيًا، أنظر إلى منزلة الآحاد، و7 آحاد أقل من 8 آحاد. لذا، 27 أقل من 28.

4. *اكتب القيمة، وضع دائرة حول مجموعة من العملات المعدنية ذات القيمة الأقل.*

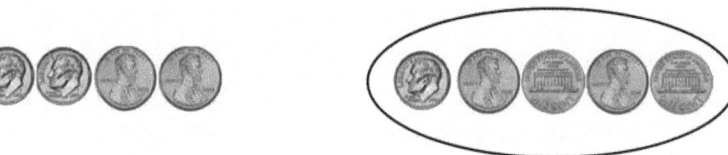

14 سنتًا.

22 سنتًا.

تحتوي المجموعة الأولى على 5 سنتات، وتحتوي المجموعة الثانية على 4 سنتات، لكن يجب عليك النظر إلى القيم! وتعتبر الدايمات والبنسات مثل العشرات والآحاد. لذا، عشرة واحدة و4 آحاد أقل من عشرتين وآحادين.

5. مادوكس وكارولين يلعبان الورق (الشدة أو الكوتشينه). إذا كان مجموعة ما لدى كارولين هو 29 آحاد ومجموع مادوكس هو 26، أيهما أقل؟ ارسم رسمًا رياضيًا لشرح كيف تعرف.

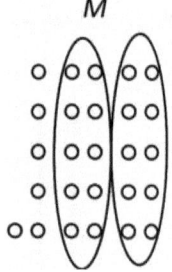

كما أن 29 آحاد تساوي عشرتين و9 آحاد! يمكنني أرسم صورة ومقارنة الآحاد

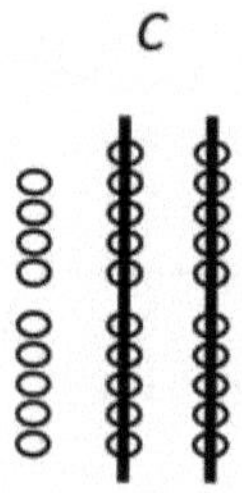

مجموع مادوكس هو الأقل. أعلم ذلك لأن كلاهما لديه 2 عشرة، لذلك نظرت إلى الآحاد. مادوكس لديه 6 آحاد فقط، وكارولين لديها 9 آحاد. لذلك، مادوكس لديه أقل.

الاسم ______________________________ التاريخ ______________

اكتب الرقم، وارسم دائرة حول المجموعة الأكبر في كل زوج. قل عبارة لمقارنة المجموعتين.

.1

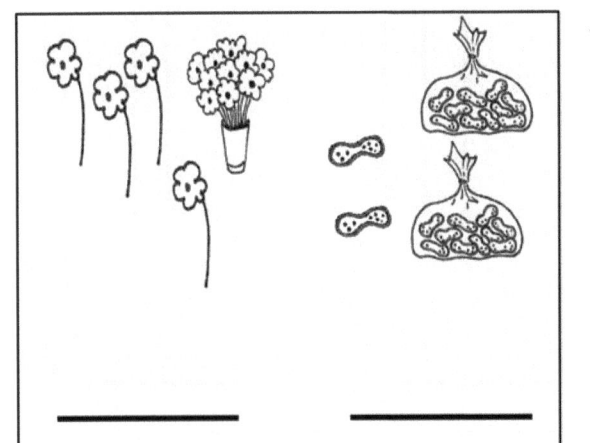

__________ __________

.2

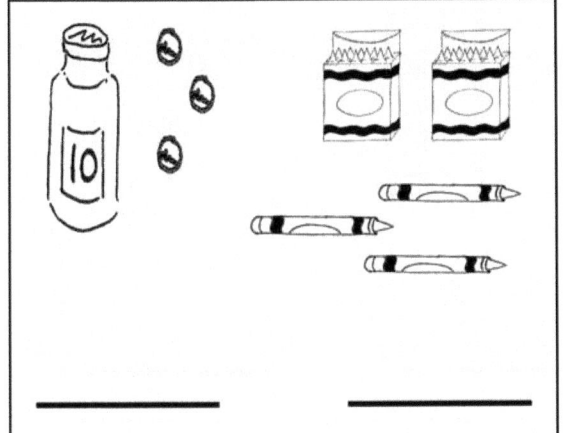

__________ __________

ارسم دائرة حول العدد الأكبر في كل زوج.

.3

3 عشرات 8 آحاد   3 عشرات 9 آحاد

.4

25   35

.5 اكتب *القيمة*، وضع *دائرة حول* مجموعة من *العملات المعدنية ذات القيمة الأكبر*.

__________ __________

الدرس 7 الواجبات المنزلية

اكتب الرقم، وارسم دائرة حول المجموعة الأقل في كل زوج. قل عبارة لمقارنة المجموعتين.

6.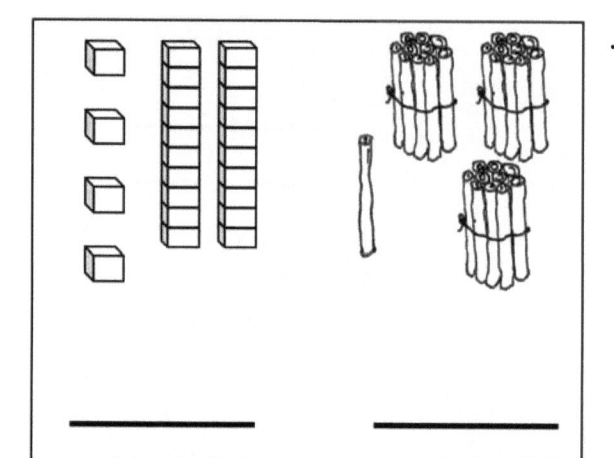

_____   _____

7.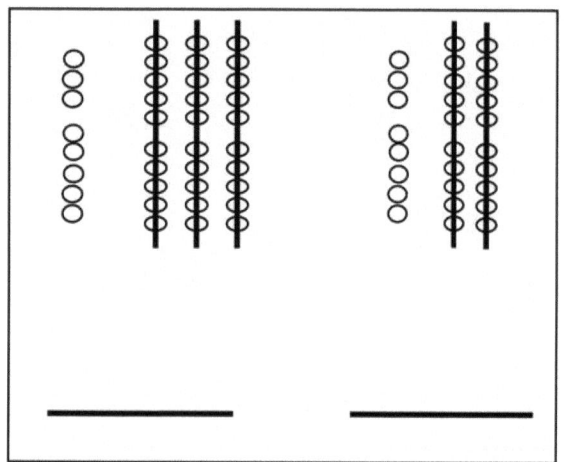

_____   _____

ضع دائرة حول العدد الأقل لكل زوج.

8.
| 2 عشرة 7 آحاد |
| 3 عشرات 7 آحاد |

9.
| 29   22 |

10. اكتب القيمة، وضع دائرة حول مجموعة من العملات المعدنية ذات القيمة الأقل.

_____   _____

11. تلعب كاتلين وجوني لعبة المقارنة بالبطاقات. لقد سجلا المجاميع لكل جولة. في كل جولة، ضع دائرة حول المجموع الفائز بلعبة البطاقات، واكتب العبارة. تم حل المسألة الأولى للتوضيح.

الجولة 1: المجموع الأكبر هو الفائز.

مجموع كاتلين	مجموع جوني
16	19

19 أكبر من 16.

أ. الجولة 2: المجموع **الأقل** هو الفائز.

مجموع كاتلين	مجموع جوني
27	24

____

ب. الجولة 3: المجموع **الأكبر** هو الفائز.

مجموع كاتلين	مجموع جوني
32	22

____

ج. الجولة 4: المجموع **الأقل** هو الفائز.

مجموع كاتلين	مجموع جوني
29	26

____

د. إذا كان مجموع كاتيلين 39 ومجموع جوني 3 عشرات و9 آحاد، فأي منهما لديه مجموع أكبر؟ ارسم رسمًا رياضيًا لشرح كيف تعرف.

بنك الكلمات

أكبر من
أصغر من
يساوي

1. ارسم الأرقام باستخدام عشرات وآحاد سريعة. استخدم العبارات من بنك الكلمات لإكمال إطارات الجمل لمقارنة الأرقام.

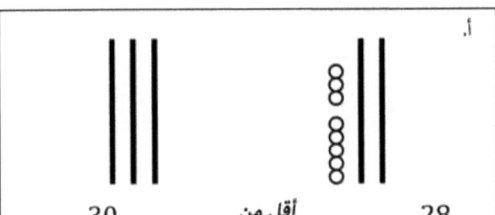

أ.

28 ___أقل من___ 30.

أنظر إلى الرقم في منزلة العشرات أولاً لمقارنة الأعداد! وعلى الرغم من أن العدد 28 يحتوي على 8 آحاد، إلا أنها لا تزال أقل من عشرة. أقرأ من اليسار إلى اليمين: 28 أقل من 30.

ب.

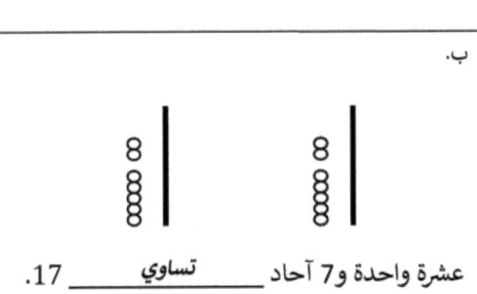

عشرة واحدة و7 آحاد ___تساوي___ 17.

3 عشرات و3 آحاد تساوي 33. يحتوي كلا العددين على 3 عشرات، ولكن 3 آحاد أقل من 4 آحاد. لذا، 3 عشرات و3 آحاد أقل من 34.

2. *ضع دائرة حول الأرقام الأقل من 34.*

(29) 3 عشرات و5 آحاد 4 عشرات (31) (3 عشرات و3 آحاد)

3. *اكتب الأرقام بالترتيب من الأكبر إلى الأقل.*

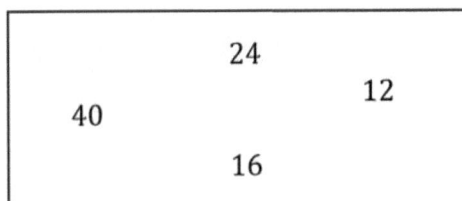

24 12 40 16

أقرأ الأعداد من اليسار إلى اليمين. 40 أكبر من 24. 24 أكبر من 16...

__12__ __16__ __24__ __40__

أين يذهب الرقم 38 في هذا الترتيب؟ استخدم الكلمات أو أعد كتابة الأرقام للتوضيح.

12 16 24 38 40

وضعت 38 بين 40 و24. 38 أقل من 40، و38 أكبر من 24. انظر إلى العشرات: 4 عشرات و3 عشرات وعشرتان!

الاسم _____ التاريخ _____

1. ارسم الأرقام باستخدام عشرات وآحاد سريعة. استخدم العبارات من بنك الكلمات لإكمال إطارات الجمل لمقارنة الأرقام. تم حل السؤال الأول من أجلك.

بنك الكلمات
| أكبر من |
| أصغر من |
| يساوي |

أ. 20   30

20 __أقل من__ 30

ب. 14   22

14 _____ 22

ج. 15   1 عشرة 5 آحاد

15 _____ 1 عشرة 5 آحاد

د. 39   29

39 _____ 29

هـ. 31   13

31 _____ 13

ز. 23   33

23 _____ 33

2. ضع دائرة حول الأرقام الأكبر من 28.

32   29   2 عشرة 8 آحاد   4 عشرات   18

3. ضع دائرة حول الأرقام الأقل من 31.

29   3 عشرات 6 آحاد   3 عشرات   13   3 عشرات 9 آحاد

4. اكتب الأرقام بالترتيب من *الأقل إلى الأكبر*.

	23	
32		30
	29	

______ ______ ______ ______

أين يذهب الرقم 27 في هذا الترتيب؟ استخدم الكلمات أو أعد كتابة الأرقام للتوضيح.

5. اكتب الأرقام بالترتيب من *الأكبر إلى الأقل*.

	40	
13		30
	31	

______ ______ ______ ______

أين يقع الرقم 23 في هذا الترتيب؟ استخدم الكلمات أو أعد كتابة الأرقام للتوضيح.

6. استخدم الأرقام 9 و 4 و 3 و 2 لتكوين أرقام متنوعة مكونة من رقمين أقل من 40.
اكتبهم بالترتيب من الأقل إلى الأكبر.

9	3	4	2

أمثلة: 34، 29، ......

1. اكتب الأرقام في الفراغات حتى يتسنى للتمساح أكل العدد الأكبر. *اقرأ الجملة الرقمية*، باستخدام *أكبر من*، و*أقل من* أو *يساوي*. تذكر البدء بالرقم من اليسار.

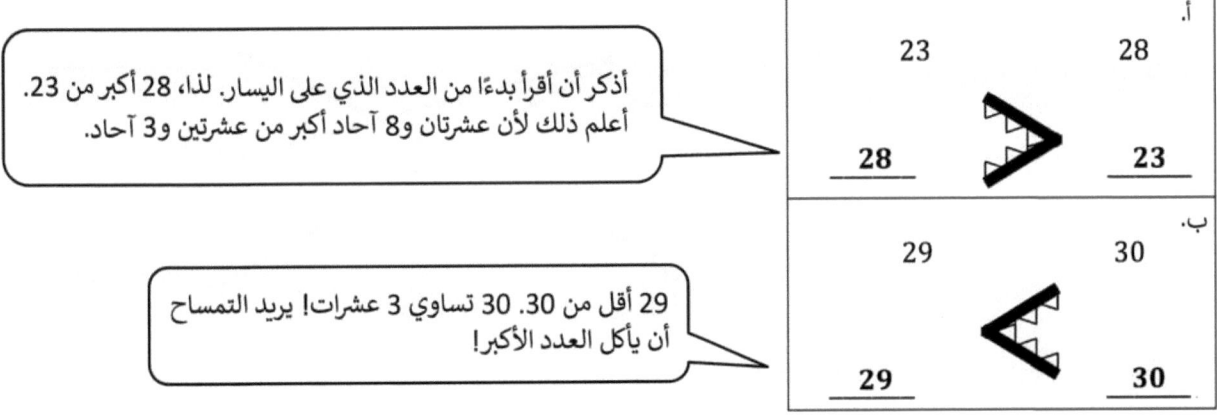

أ.

23 28

28 > 23

أذكر أن أقرأ بدءًا من العدد الذي على اليسار. لذا، 28 أكبر من 23. أعلم ذلك لأن عشرتان و8 آحاد أكبر من عشرتين و3 آحاد.

ب.

29 30

29 < 30

29 أقل من 30. 30 تساوي 3 عشرات! يريد التمساح أن يأكل العدد الأكبر!

2. *أكمل المخططات كي يتسنى للتمساح أكل الرقم الأكبر.*

أ.

عشرات	آحاد
1	5

>

عشرات	آحاد
1	3

أقرأ الجملة الرقمية في صورة 15 أكبر من 13. يحتوي كلا العددين على عشرة واحدة، لكن 5 آحاد أكبر من 3 آحاد، لذا سيأكل التمساح العدد 15.

ب.

عشرات	آحاد
2	3

<

عشرات	آحاد
2	8

أكتب 8 في منزلة الآحاد، لذا سيأكل التمساح العدد 28. يمكنني أن أقرأ الجملة الرقمية في صورة 23 أقل من 28. كما يمكنني كتابة 4 أو 5 أو 6 أو 7 أو 8 أو 9 آحاد، أيضًا!

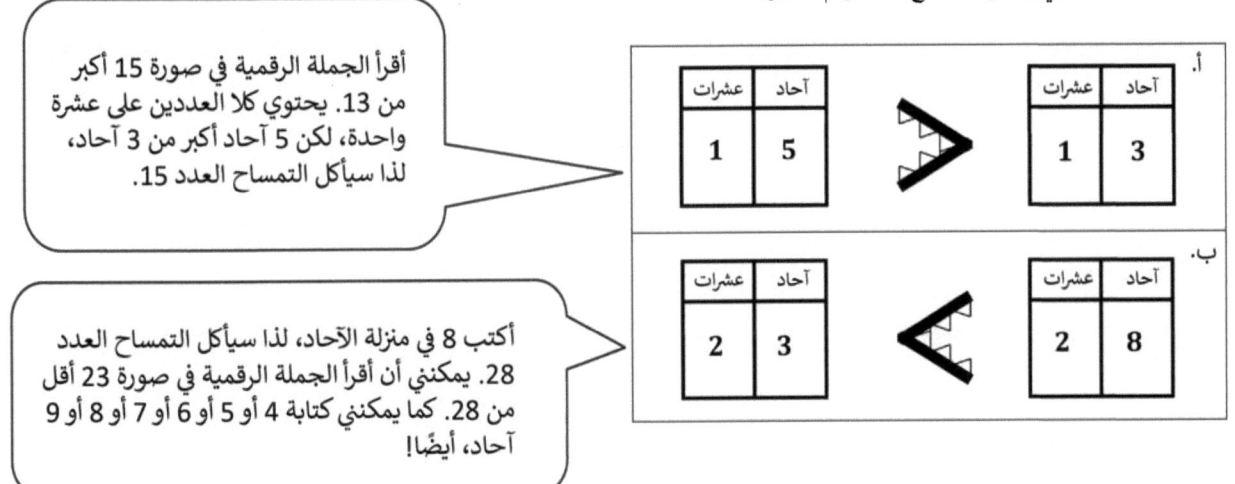

3. قارن كل مجموعة من الأرقام عن طريق المطابقة مع التمساح أو العبارة الصحيحة لإنشاء جملة رقمية صحيحة. تحقق مما أنجزته من عمل بقراءة الجملة من اليسار إلى اليمين.

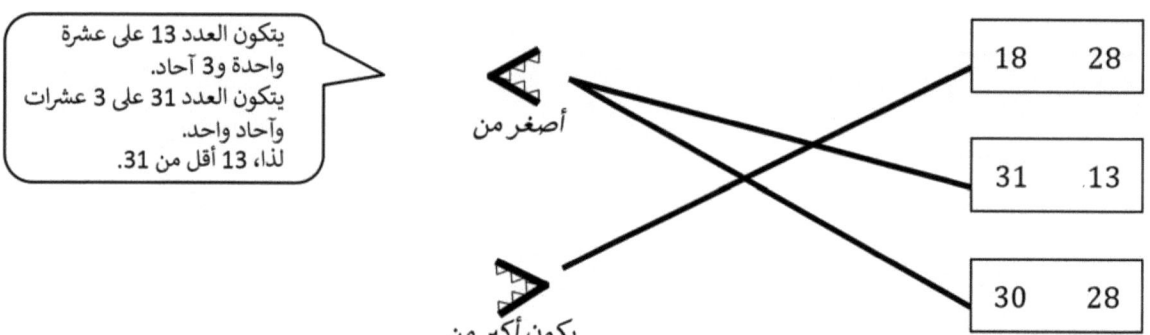

يتكون العدد 13 على عشرة واحدة و3 آحاد.
يتكون العدد 31 على 3 عشرات وآحاد واحد.
لذا، 13 أقل من 31.

الاسم ________________ التاريخ ________________

1. اكتب الأرقام في الفراغات حتى يتسنى للتمساح أكل العدد الأكبر. *اقرأ الجملة الرقمية*، *باستخدام أكبر من*، *وأقل من أو يساوي*. تذكر البدء بالرقم من اليسار.

ج.	ب.	أ.
22 24	17 15	20 10
___ < ___	___ > ___	___ < ___
ز.	**هـ.**	**د.**
40 39	38 39	30 29
___ > ___	___ > ___	___ < ___

2. *أكمل المخططات كي يتسنى للتمساح أكل الرقم الأكبر.*

ب.				أ.			
عشرات	آحاد		عشرات	آحاد	عشرات	آحاد		عشرات	آحاد

<table>
<tr><th colspan="5">ب.</th><th colspan="5">أ.</th></tr>
<tr><td>عشرات</td><td>آحاد</td><td rowspan="2"><</td><td>عشرات</td><td>آحاد</td><td>عشرات</td><td>آحاد</td><td rowspan="2">></td><td>عشرات</td><td>آحاد</td></tr>
<tr><td>2</td><td>4</td><td></td><td>3</td><td>1</td><td>8</td><td>1</td><td></td></tr>
<tr><th colspan="5">د.</th><th colspan="5">ج.</th></tr>
<tr><td>عشرات</td><td>آحاد</td><td rowspan="2">></td><td>عشرات</td><td>آحاد</td><td>عشرات</td><td>آحاد</td><td rowspan="2">></td><td>عشرات</td><td>آحاد</td></tr>
<tr><td>2</td><td>3</td><td>2</td><td></td><td></td><td></td><td></td><td></td></tr>
<tr><th colspan="5">و.</th><th colspan="5">هـ.</th></tr>
<tr><td>عشرات</td><td>آحاد</td><td rowspan="2">></td><td>عشرات</td><td>آحاد</td><td>عشرات</td><td>آحاد</td><td rowspan="2"><</td><td>عشرات</td><td>آحاد</td></tr>
<tr><td>1</td><td>7</td><td></td><td>7</td><td></td><td></td><td></td><td></td></tr>
</table>

4•1 الدرس 9 الواجبات المنزلية

قارن كل مجموعة من الأرقام عن طريق المطابقة مع التمساح أو العبارة الصحيحة لإنشاء جملة رقمية صحيحة. تحقق مما أنجزته من عمل بقراءة الجملة من اليسار إلى اليمين.

.3

17	16

23	31

أصغر من

25	35

21	12

32	22

يكون أكبر من

30	29

40	39

EUREKA MATH

استخدم الرموز للمقارنة بين الأعداد. املأ الفراغ برمز > أو < أو = لكي تصبح العبارة الرقمية صحيحة. أكمل الجملة الرقمية بعبارة من بنك الكلمات.

بنك الكلمات

يكون أكبر من
أقل من
يساوي

أ.

21 (>) 12

21 **يكون أكبر من** 12.

كلا العددين لديه نفس الأرقام، لكنها في منزلتين مختلفتين. وهذا يعني أنها ذات قيمة مختلفة. عشرتان وآحاد واحد أكبر من عشرة واحدة وآحادين!

ب.

3 عشرات (<) 32

3 عشرات **أقل من** 32.

أضع علامة أقل من بين 3 عشرات و32. 3 عشرات تساوي 30. يشير الأصغر إلى العدد الأصغر!

ج.

عشرتان و8 آحاد (<) 29

عشرتان و8 آحاد **أقل من** 29.

يوجد آحاد أكثر في العدد 29 أكثر من عشرتين و8 آحاد أو 28. الرمز مفتوح على الجانب الذي يحب التمساح أن يأكله! ولكني مازلت أقرأه من اليسار إلى اليمين.

د.

19 (=) واحدة و9 آحاد

19 **تساوي عشرة** واحدة و9 آحاد.

الاسم _____ التاريخ _____

استخدم الرموز للمقارنة بين الأعداد. املأ الفراغ برمز > أو < أو = لكي تصبح الجملة الرقمية صحيحة. أكمل الجملة الرقمية بعبارة من بنك الكلمات.

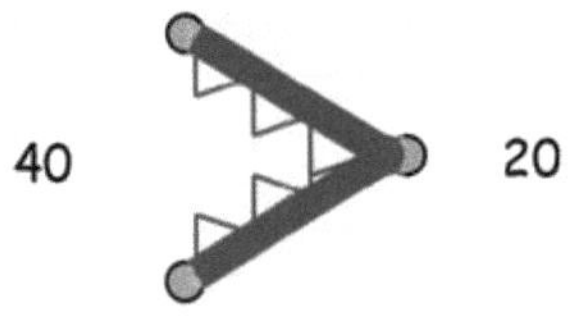

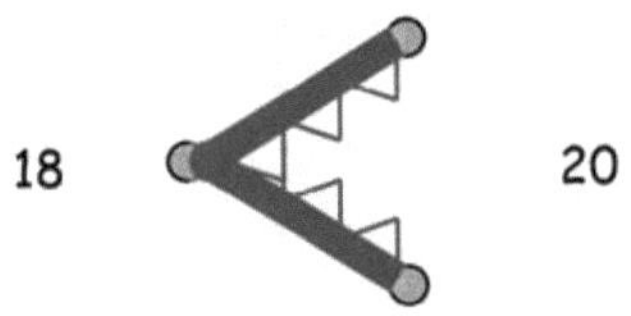

بنك الكلمات
- أكبر من
- أصغر من
- يساوي

18 < 20
18 أقل من 20.

40 > 20
40 أكبر من 20.

أ.
13 ◯ 17
13 _____ 17

ب.
33 ◯ 23
33 _____ 23

ج.
36 ◯ 36
36 _____ 36

د.
32 ◯ 25
32 _____ 25

هـ.
28 ◯ 38
28 _____ 38

و.
23 ◯ 32
23 _____ 32

الدرس 10 الواجبات المنزلية

ح.		ز.	
3 عشرات ◯ 30		1 عشرة 5 آحاد ◯ 14	
3 عشرات _____ 30		1 عشرة 5 آحاد _____ 14	

ي.		و.	
23 ◯ 2 عشرة 3 آحاد		29 ◯ 2 عشرة 9 آحاد	
23 _____ 2 عشرة 3 آحاد		29 _____ 2 عشرة 9 آحاد	

ل.		ك.	
35 ◯ 3 عشرات 5 آحاد		13 ◯ 1 عشرة 3 آحاد	
35 _____ 3 عشرات 5 آحاد		13 _____ 1 عشرة 3 آحاد	

ن.		م.	
3 عشرات ◯ 36		32 ◯ 3 عشرات 2 آحاد	
3 عشرات _____ 36		32 _____ 3 عشرات 2 آحاد	

ع.		س.	
4 عشرات ◯ 40		29 ◯ 2 عشرة 9 آحاد	
4 عشرات _____ 40		29 _____ 2 عشرة 9 آحاد	

الدرس 10: استخدم الرموز < و = و > للمقارنة بين الكميات والأرقام.

ارسم الرابط الرقمي، وأكمل الجمل الرقمية لمطابقة الصور.

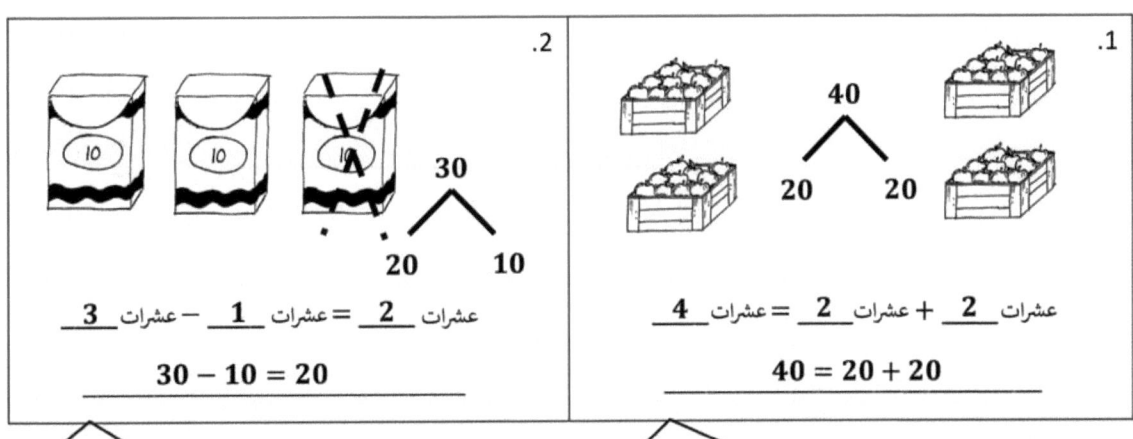

.1

40

عشرات __2__ + عشرات __2__ = عشرات __4__

__40 = 20 + 20__

أستطيع قول الرابطة الرقمية مع وحدات القيمة المكانية، لذلك فإن 4 عشرات = 2 عشرات + 2 عشرات. هذه هي طريقة الوحدات. أو يمكنني كتابة العدد بالطريقة الإعتيادية، وبالتالي فإن 40 = 20 + 20.

.2

10
10
10
30
10

عشرات __2__ = عشرات __1__ – عشرات __3__

__30 – 10 = 20__

تظهر الرابطة الرقمية 3 عشرات في القمة مع 2 عشرات و 1 عشرات كأجزاء. تظهر X أنني حذفت 1 عشرات. جملة الطرح تتطابق.

ارسم عشرات سريعة ورابط رقمي لمساعدتك في حل الجمل الرقمية.

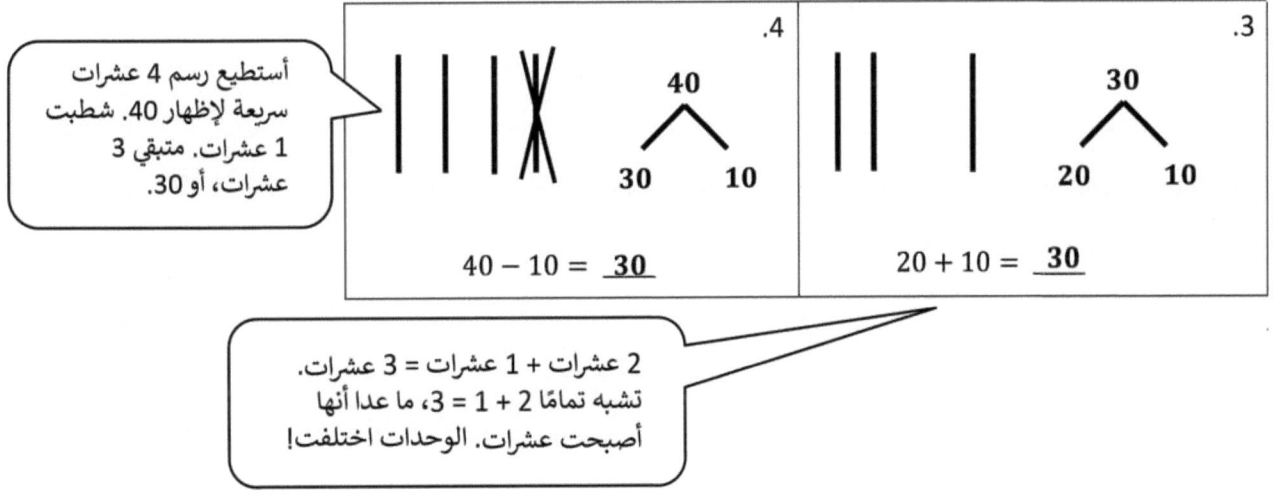

.3

30
10

$20 + 10 =$ __30__

2 عشرات + 1 عشرات = 3 عشرات. تشبه تمامًا 2 + 1 = 3، ما عدا أنها أصبحت عشرات. الوحدات اختلفت!

.4

40
30
10

$40 - 10 =$ __30__

أستطيع رسم 4 عشرات سريعة لإظهار 40. شطبت 1 عشرات. متبقي 3 عشرات، أو 30.

اجمع أو اطرح.

5. 4 عشرات - 3 عشرات = <u>1 عشرة</u>

6. $30 + 10 = \underline{\mathbf{40}}$

أستطيع التفكير في مسألة أبسط، 4 = 1 + 3، لمساعدتي على الحل.

7. $\mathbf{20} - 20 = \underline{\mathbf{0}}$

EUREKA MATH

الاسم ____________________ التاريخ ____________

ارسم الرابط الرقمي، وأكمل الجمل الرقمية لمطابقة الصور.

.1

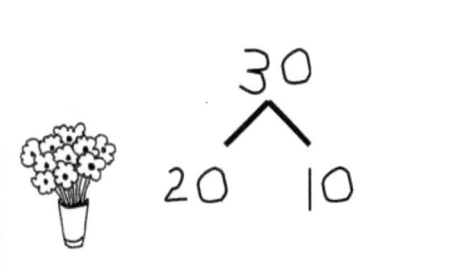

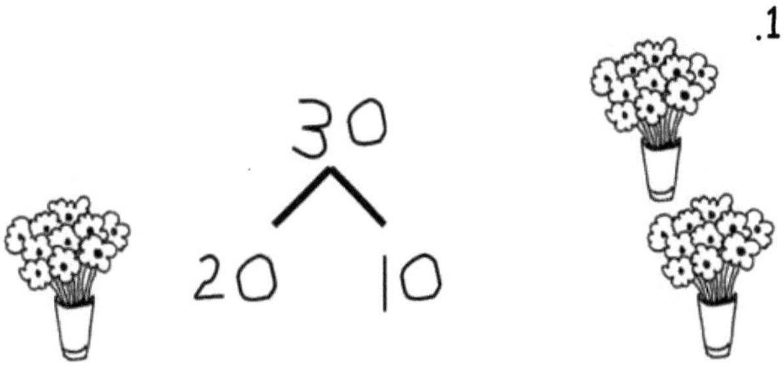

2 عشرات + 1 عشرات = 3 عشرات

20 + 10 = 30

.2

عشرات = ____ عشرة + ____ عشرات

____

.3

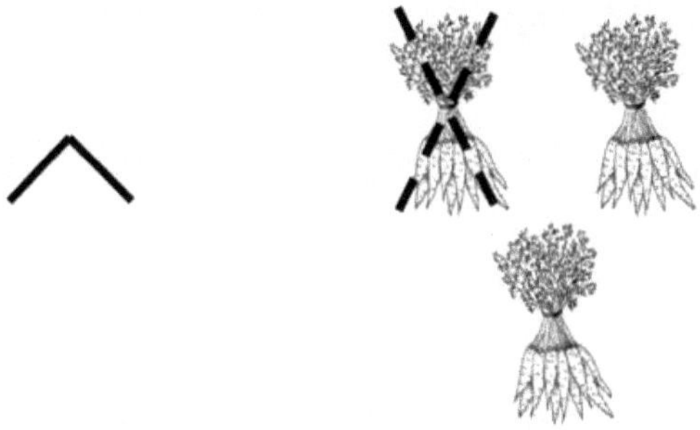

عشرات - ____ عشرة = ____ عشرات

____

.4

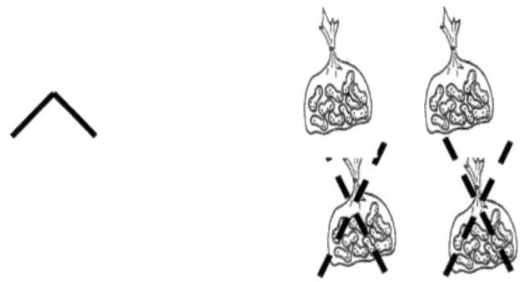

عشرات - ____ عشرات = ____ عشرات

____

.5

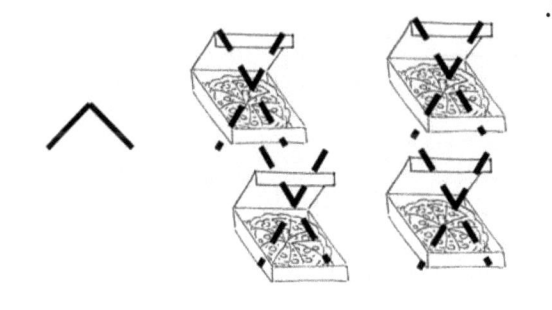

عشرات - ____ عشرات = ____ عشرات

____

.6

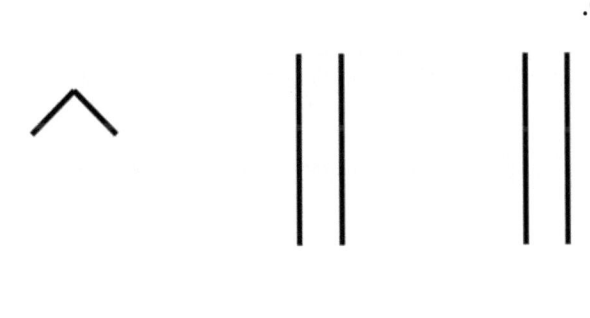

عشرات + ____ عشرات = ____ عشرات

____

ارسم عشرات سريعة ورابط رقمي لمساعدتك في حل الجمل الرقمية.

.7 ______ = 20 + 10	.8 ______ = 10 - 30
.9 ______ = 10 - 20	.10 ______ = 10 + 30

اجمع أو اطرح.

.11 2 عشرات + 1 عشرة = ______

.12 20 + 20 = ______

.13 40 - 10 = ______

.14 ______ = 20 + 10

.15 3 عشرات - 2 عشرتين = ______

.16 20 - 10 = ______

.17 10 - 10 = ______

.18 ______ = 30 + 10

.19 40 - 30 = ______

1. املأ الأرقام الناقصة لمطابقة الصورة. اكتب الرابط الرقمي المناسب.

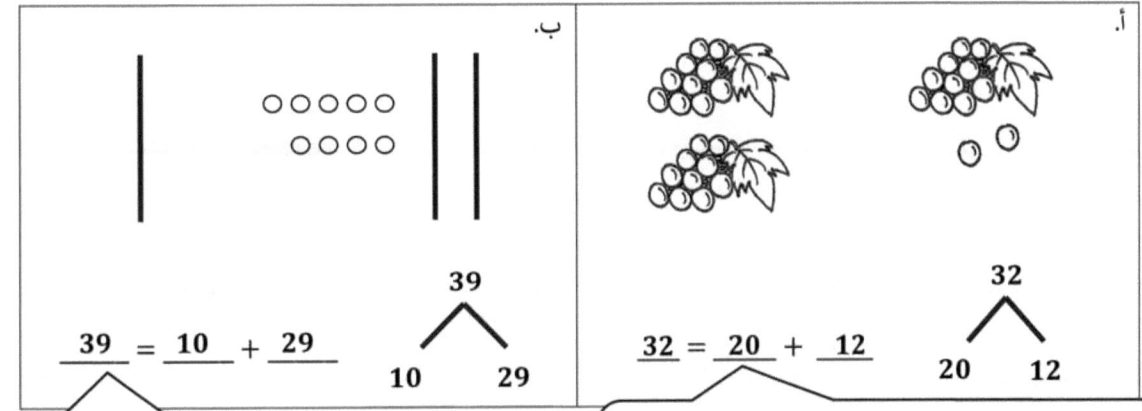

أ.

32
20 12

32 = 20 + 12

1 عشرات 2 آحاد + 2 عشرات = 3 عشرات 2 آحاد. الرقم في منزلة العشرات يتغير لأنني أضيف 2 عشرات. تبقى الآحاد بنفس القيمة.

ب.

39
10 29

39 = 10 + 29

1 عشرات زائد 2 عشرات يساوي 3 عشرات. لهذا يوجد 3 في منزلة الشعرات. لا يزال يوجد 9 آحاد.

2. ارسم عشرات سريعة وآحاد. أكمل بالجملة الرقمية والرابط الرقمي.

أ.

آحاد	عشرات
0	1

+

آحاد	عشرات
3	2

23 + 10 = 33

33
23 10

تظهر الرابطة الرقمية كيف غيرت 23 لتكوين 33. أضيف 1 عشرات.

ب.

آحاد	عشرات
0	2

+

آحاد	عشرات
4	1

14 + 20 = 34

34
14 20

إذا كان 34 هو المجموع و 14 هو أحد الجزأين، أستطيع إضافة 2 عشرات لتكوين 34. 2 عشرة هو نفس النتيجة كما في حال الرقم 20. 14 زائد 20 يساوي 34.

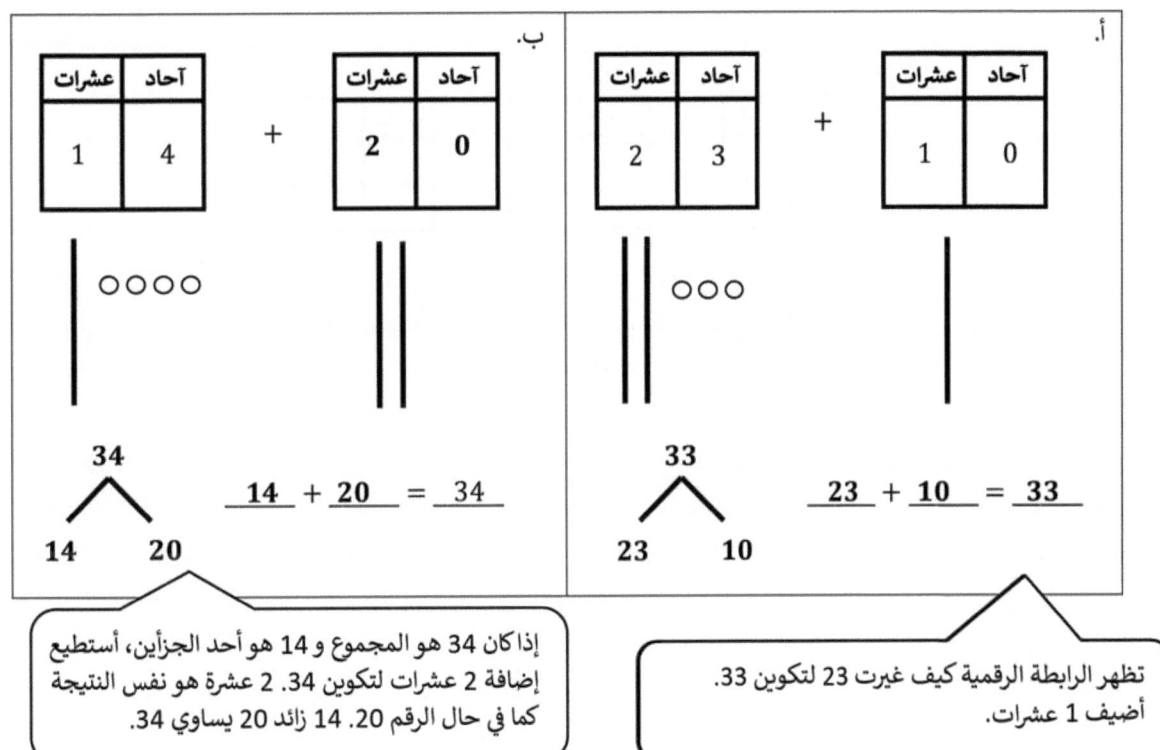

3. استخدم تدوين أسهم للحل.

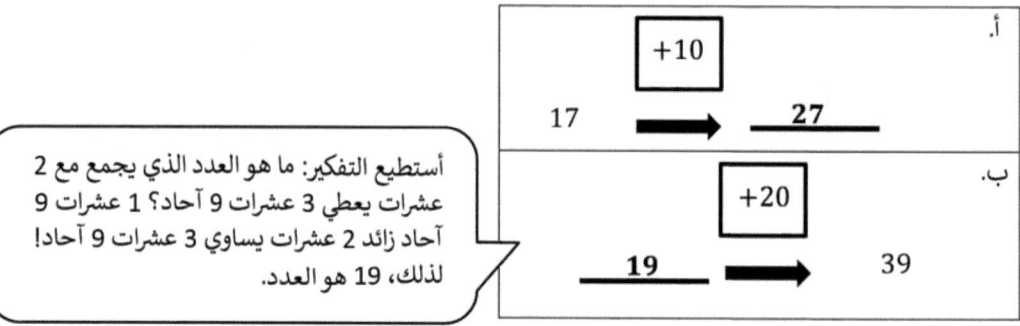

أ.

17 → (+10) → 27

ب.

19 → (+20) → 39

أستطيع التفكير: ما هو العدد الذي يجمع مع 2 عشرات يعطي 3 عشرات 9 آحاد؟ 1 عشرات 9 آحاد زائد 2 عشرات يساوي 3 عشرات 9 آحاد! لذلك، 19 هو العدد.

4. استخدم الدايمات والبنسات لإكمال مخططات القيمة المكانية.

أ.

آحاد	عشرات
6	2

+

آحاد	عشرات
0	1

=

آحاد	عشرات
6	3

2 ديمات و 9 بنسات تكوّن 2 عشرات 6 آحاد. عند إضافة 1 ديم، فإنني أضيف 1 عشرات. الآن، يوجد 3 عشرات إجمالي. الجملة الرقمية هي 26 + 10 = 36.

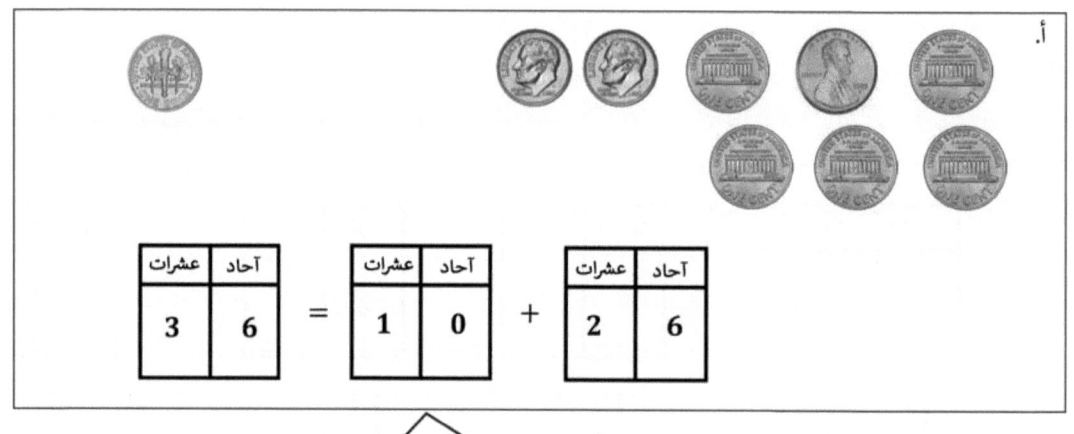

الاسم _____ التاريخ _____

املأ الأرقام الناقصة لمطابقة الصورة. أكمل الربط الرقمي للمطابقة.

1.
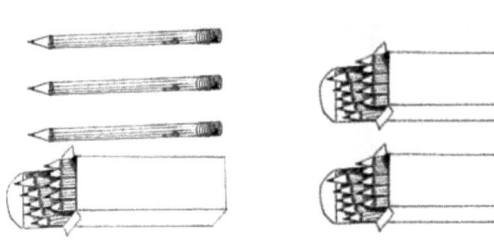

____ = 13 + 20

2.

____ = ____ + 17

3.
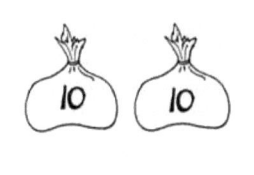

____ = ____ + ____

4.
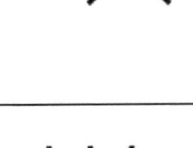

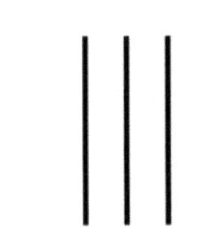

____ = ____ + ____

ارسم عشرات سريعة وآحاد. أكمل بالجملة الرقمية والرابط الرقمي.

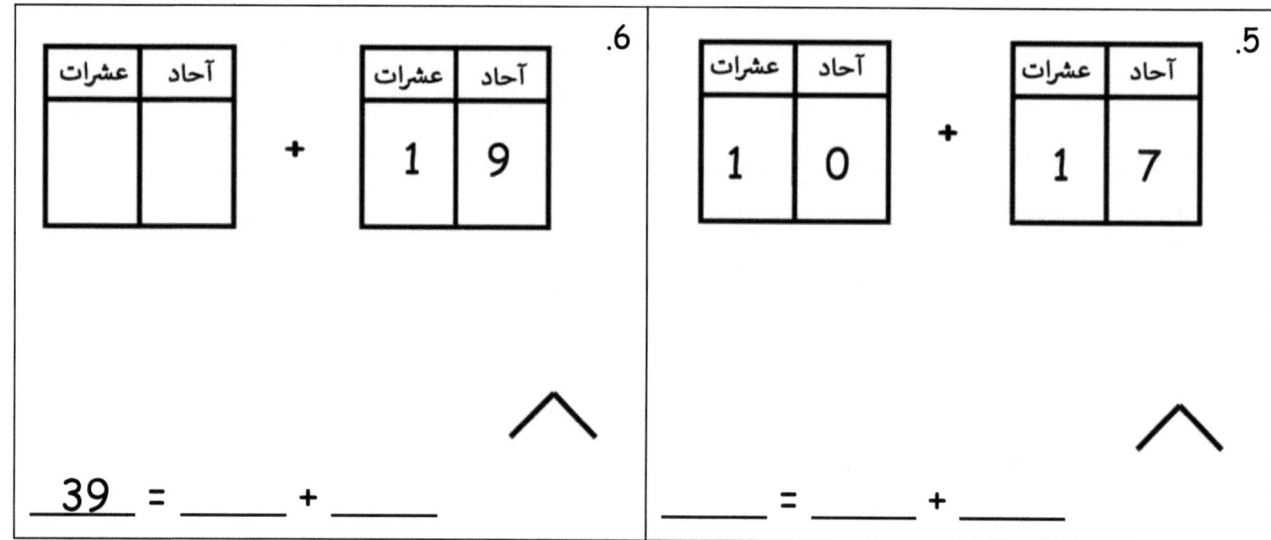

.5

آحاد	عشرات
7	1

+

آحاد	عشرات
0	1

____ + ____ = ____

.6

آحاد	عشرات
9	1

+

آحاد	عشرات

____ + ____ = 39

استخدم تدوين أسهم للحل.

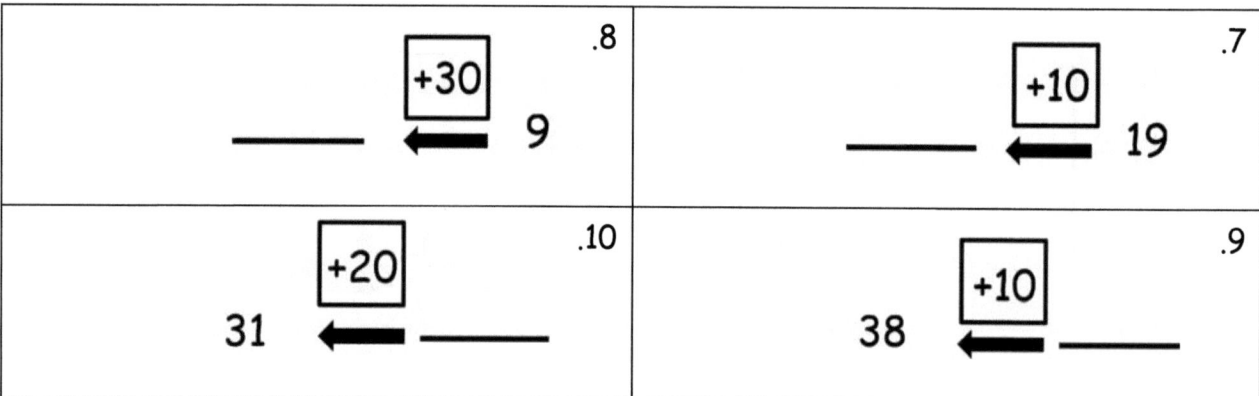

.7

19 ← (+10) ____

.8

9 ← (+30) ____

.9

____ ← (+10) 38

.10

____ ← (+20) 31

استخدم الدايمات والبنسات لإكمال مخططات القيمة المكانية.

.11

آحاد	عشرات

+

آحاد	عشرات

=

آحاد	عشرات

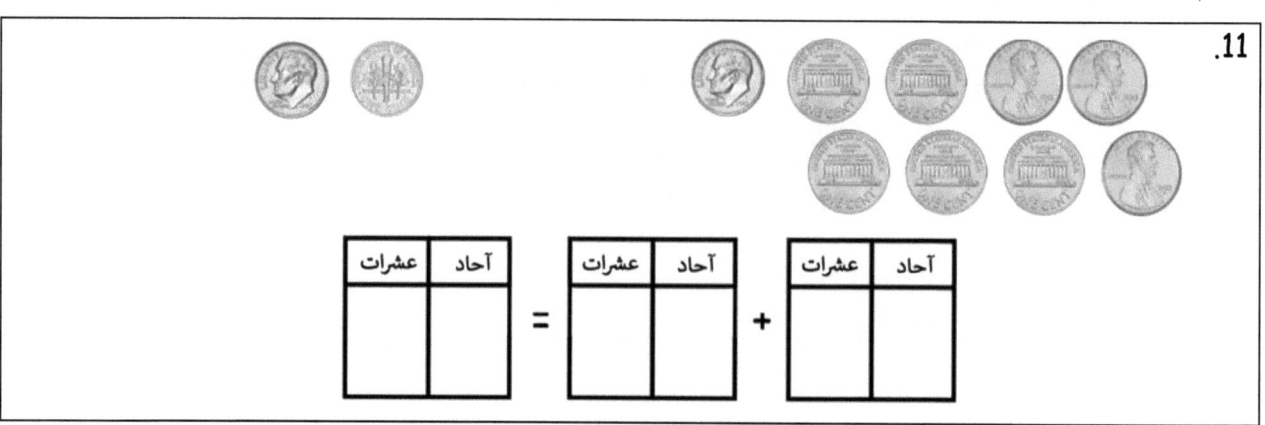

1. استخدم العشرات والآحاد السريعة لإكمال مخطط القيمة المكانية والجملة الرقمية.

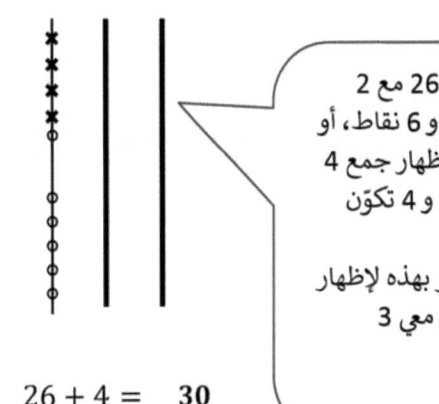

أستطيع إظهار 26 مع 2 عشرات سريعة و 6 نقاط، أو دائرة. يمكنني إظهار جمع 4 مستخدمًا x. 6 و 4 تكوّن عشرة جديدة!
لأرسم خط يمر بهذه لإظهار أنها عشرة. الآن معي 3 عشرات.

$26 + 4 =$ **30**

آحاد	عشرات
0	3

2. ارسم عشرات وآحاد سريعة وروابط رقمية للحل. أكمل مخطط القيمة المكانية.

30 $= 5 + 25$

5 20

آحاد	عشرات
0	3

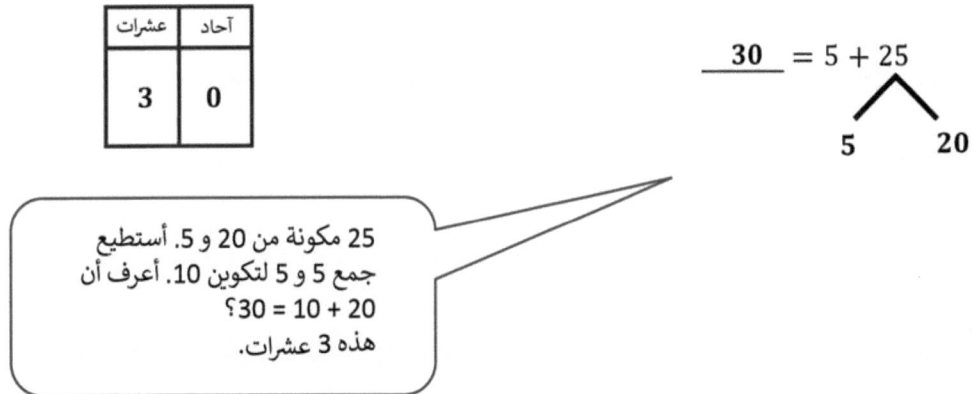

25 مكونة من 20 و 5. أستطيع جمع 5 و 5 لتكوين 10. أعرف أن 20 + 10 = 30؟ هذه 3 عشرات.

3. حل. يمكنك رسم عشرات سريعة وآحاد أو روابط رقمية للمساعدة.

40 $= 3 + 37$

أعرف هذه في رأسي. 3 زائد 37 تساوي 40. أكوّن العشرة التالية عند جمع 3 مع 37.

الاسم _____   التاريخ _____

استخدم العشرات والآحاد السريعة لإكمال مخطط القيمة المكانية والجملة الرقمية.

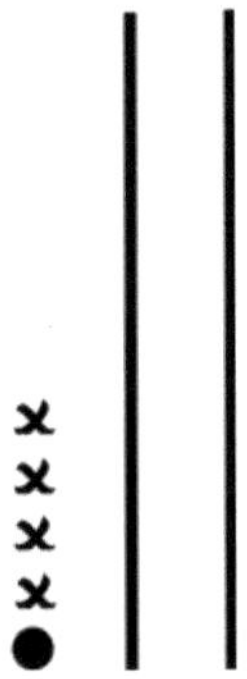

1.
آحاد	عشرات

_____ = 4 + 21

2.
آحاد	عشرات

_____ = 8 + 21

3.
آحاد	عشرات

_____ = 4 + 25

4.
آحاد	عشرات

_____ = 5 + 25

5.
آحاد	عشرات

_____ = 3 + 33

6.
آحاد	عشرات

_____ = 7 + 33

الدرس 13 الواجبات المنزلية

ارسم عشرات وآحاد سريعة وروابط رقمية للحل. أكمل مخطط القيمة المكانية.

7. 26 + 2 = _____

آحاد	عشرات

8. 36 + 3 = _____

آحاد	عشرات

9. 26 + 4 = _____

آحاد	عشرات

10. 24 + 6 = _____

آحاد	عشرات

11. حل. يمكنك رسم عشرات سريعة وآحاد أو روابط رقمية للمساعدة.

أ. 22 + 7 = _____   ب. 22 + 8 = _____   ج. 32 + 8 = _____

1. استخدم الصور، أو ارسم عشرات وآحاد سريعة. أكمل الجملة الرقمية ومخطط القيمة المكانية.

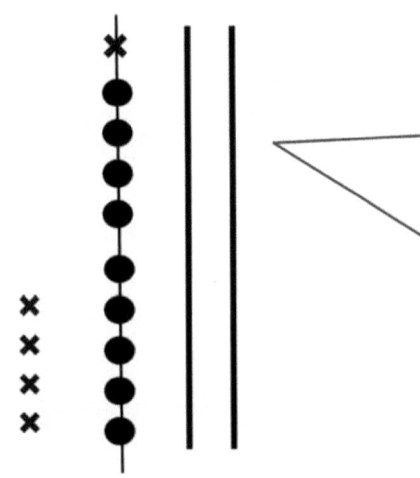

آحاد	عشرات
4	3

أستطيع استخدام 2 عشرات سريعة و 9 نقاط، أو دوائر، لإظهار 29. أحتاج فقط إلى واحد لتكوين 10 جديدة. بينما أجمع 5، الـ x الأولى تكوّن عشرة جديدة. أبدأ عمود جديد بينما أرسم 4 X أكثر. يمكنني رسم خط عبر العشرة الجديدة التي كونتها. الآن يمكنني أن أرى بسهولة أن معي 3 عشرات و 4 آحاد.

$29 + 5 = \underline{34}$

2. أنشيء الرابط الرقمي للحل. اعرض فكرتك مع الجمل الرقمية أو طريقة الأسهم. أكمل مخطط القيمة المكانية.

آحاد	عشرات
3	2

$18 + 5 = \underline{23}$

2 3

أحتاج 2 أكثر للحصول على 20 من 18. يمكنني تفكيك 5 إلى 2 و 3. 18 + 2 = 20. بعد ذلك 20 + 3 = 23.

$18 + 2 = 20$
$20 + 3 = 23$

فيما يلي جملي الرقمية لإظهار طريقة تفكيري.

يمكنني استخدام الأسهم لإظهار طريقة تفكيري أيضًا! أبدأ من 18. أضيف 2 للحصول على 20. بعد ذلك، أضيف 3 أخرى للحصول على 23.

$18 \overset{+2}{\rightarrow} 20 \overset{+3}{\rightarrow} 23$

الاسم ______________________ التاريخ ______________

استخدم الصور، أو ارسم عشرات وآحاد سريعة. أكمل الجملة الرقمية ومخطط القيمة المكانية.

.1

$______ = 3 + 15$

عشرات	آحاد

.2

$______ = 5 + 15$

عشرات	آحاد

.3

$______ = 6 + 15$

عشرات	آحاد

.4

$______ = 2 + 28$

عشرات	آحاد

.5

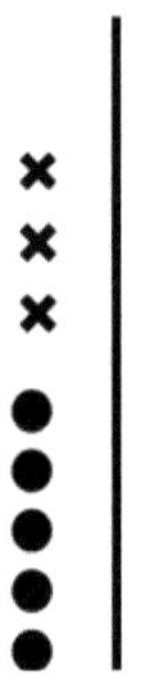

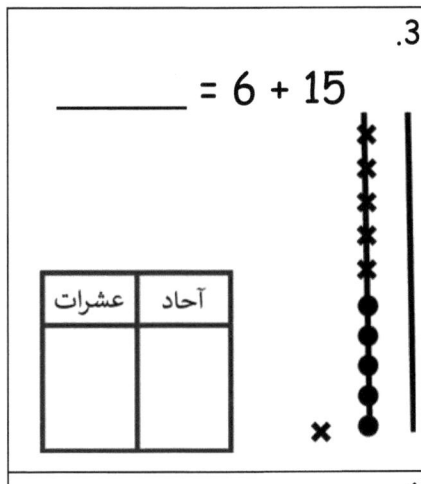

$______ = 4 + 28$

عشرات	آحاد

.6

$______ = 7 + 28$

عشرات	آحاد

.7

$______ = 3 + 17$

عشرات	آحاد

.8

$______ = 7 + 17$

عشرات	آحاد

.9

$______ = 7 + 27$

عشرات	آحاد

أنشيء الرابط الرقمي للحل. اعرض فكرتك مع الجمل الرقمية أو طريقة الأسهم. أكمل مخطط القيمة المكانية.

.10

13 + 6 = ______

آحاد	عشرات

.11

13 + 7 = ______

آحاد	عشرات

.12

25 + 5 = ______

آحاد	عشرات

.13

25 + 8 = ______

آحاد	عشرات

.14

24 + 8 = ______

آحاد	عشرات

.15

23 + 9 = ______

آحاد	عشرات

1. قم بحل المسائل.

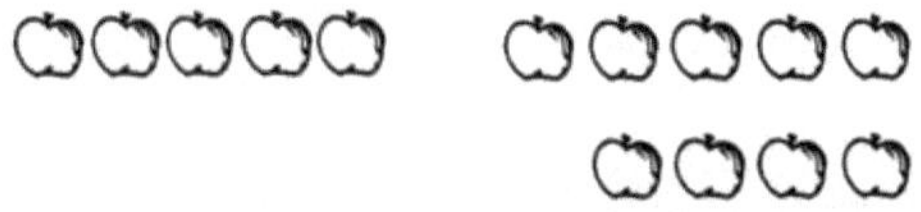

$9 + 5 = \underline{\mathbf{14}}$

9 زائد 5 يساوي 14.
هذه الطريقة سهلة.

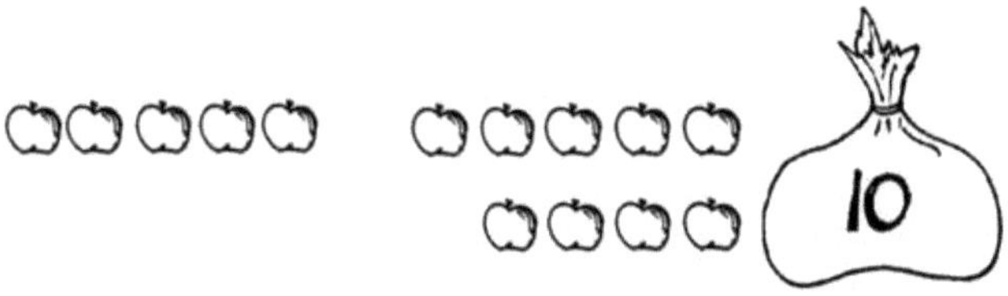

$19 + 5 = \underline{\mathbf{24}}$

19 زائد 5 هي
مجرد 10 أكثر.
وهذه 24.

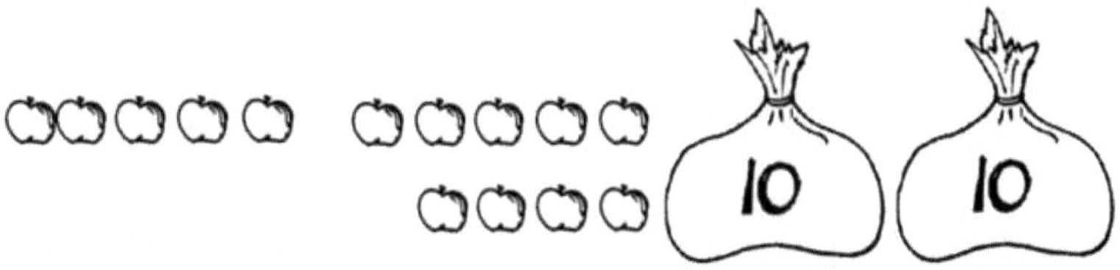

$29 + 5 = \underline{\mathbf{34}}$

29 زائد 5 تساوي
10 أكثر مرة أخرى.
هذه 34.

2. استخدم الجملة الرقمية الأولى في كل مجموعة لمساعدتك في حل المسائل الأخرى.

أ. $\underline{\mathbf{11}} = 8 + 3$

ب. $\underline{\mathbf{21}} = 8 + 13$

ج. $\underline{\mathbf{31}} = 8 + 23$

3. قم بحل المسائل. اعرض جملة الإضافة المكونة من رقم واحد التي ساعدتك في حلها.

$\underline{\mathbf{22}} = 4 + 18$

$\underline{\mathbf{12 = 4 + 8}}$

يمكنني استخدام 8 + 4 لمساعدتي في حل 18 + 4. أعرف أن 8 + 4 = 12. 18 + 4 بها عشرة أكثر. هذه 22.

الاسم _____ التاريخ _____

حل المسائل.

1.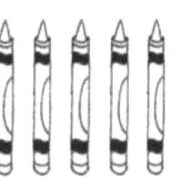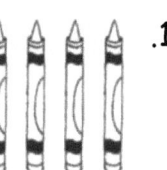
____ = 4 + 5

2.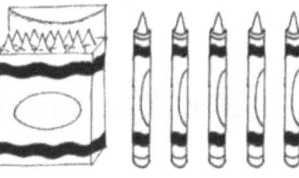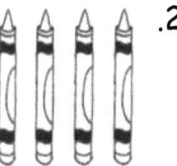
____ = 4 + 15

3.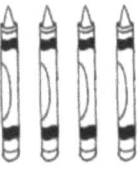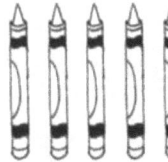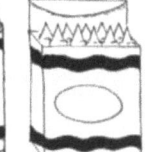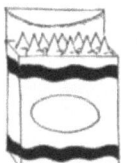
____ = 4 + 25

4.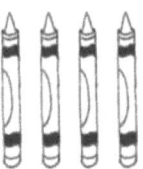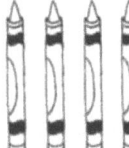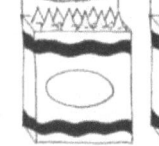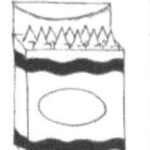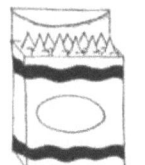
____ = 4 + 35

5.

____ = 4 + 8

6.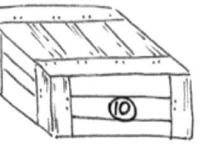
____ = 4 + 18

7.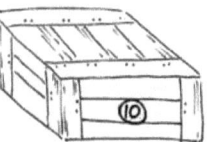

____ = 4 + 28

استخدم الجملة الرقمية الأولى في كل مجموعة لمساعدتك في حل المسائل الأخرى.

8.
أ. 5 + 2 = _____
ب. 15 + 2 = _____
ج. 25 + 2 = _____
د. 35 + 2 = _____

9.
أ. 5 + 5 = _____
ب. 15 + 5 = _____
ج. 25 + 5 = _____
د. 35 + 5 = _____

10.
أ. 2 + 7 = _____
ب. 12 + 7 = _____
ج. 22 + 7 = _____

11.
أ. 7 + 4 = _____
ب. 17 + 4 = _____
ج. 27 + 4 = _____

12.
أ. 8 + 7 = _____
ب. 18 + 7 = _____
ج. 28 + 7 = _____

13.
أ. 3 + 9 = _____
ب. 13 + 9 = _____
ج. 23 + 9 = _____

قم بحل المسائل. اعرض جملة الإضافة المكونة من رقم واحد التي ساعدتك في حلها.

14. 24 + 5 = _____ _____

15. 24 + 7 = _____ _____

1. ارسم عشرات سريعة وآحاد لمساعدتك في حل مسائل الجمع.

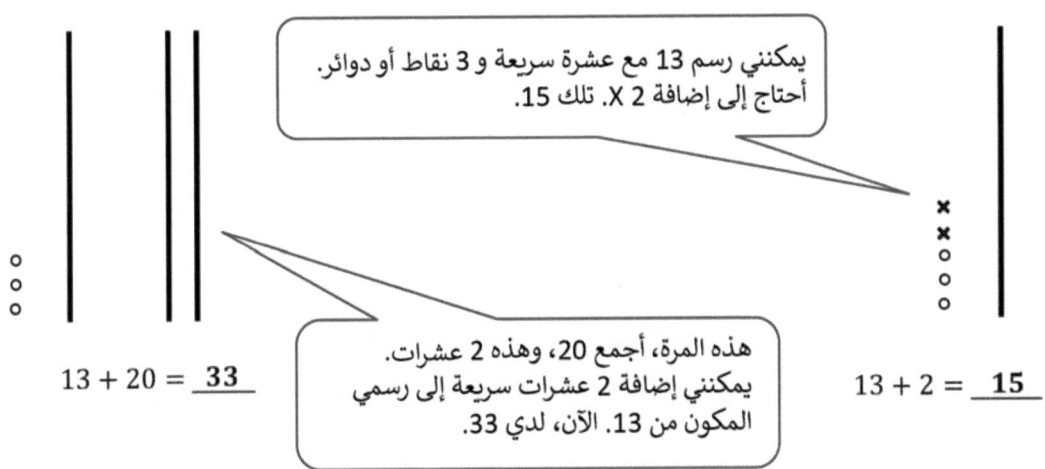

يمكنني رسم 13 مع عشرة سريعة و 3 نقاط أو دوائر. أحتاج إلى إضافة 2 X. تلك 15.

$13 + 2 = \underline{15}$

هذه المرة، أجمع 20، وهذه 2 عشرات. يمكنني إضافة 2 عشرات سريعة إلى رسمي المكون من 13. الآن، لدي 33.

$13 + 20 = \underline{33}$

2. أنشيء رابط رقمي، أو استخدم طريقة الأسهم لحل مسائل الجمع.

$\underline{31} = 20 + 11$

1 **10**

يمكنني حل هذا بطرق مختلفة!

يمكنني تفكيك 11 إلى 10 و 1. بعد ذلك، يمكنني إضافة عشراتي. هذه 3 عشرات، أو 30، و 1 آحاد لتكوين 31.

$\mathbf{31} \xleftarrow{+10} \mathbf{21} \xleftarrow{+10} \mathbf{11}$

يمكنني أيضًا البدء مع 11 وإضافة عشراتي واحدة كل مرة. 11 + 10 = 21. بعد ذلك، عندما أضيف 10 أخرى، أحصل على 31.

الاسم ______________________ التاريخ ____________

ارسم عشرات سريعة وآحاد لمساعدتك في حل مسائل الجمع.

.1 $17 + 2 =$ _____	.2 $17 + 3 =$ _____
.3 $14 + 3 =$ _____	.4 $24 + 10 =$ _____

أنشيء رابط رقمي، أو استخدم طريقة الأسهم لحل مسائل الجمع.

.5 $6 + 24 =$ _____	.6 $14 + 20 =$ _____

7. حل كل جملة جمع وطابقها.

أ.

22 + 1 = ______

ب.

13 + 6 = ______

ج.

3 + 26 = ______

د.

37 + 3 = ______

هـ.

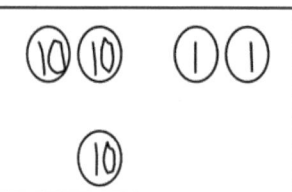

22 + 10 = ______

26 —(+3)→ 29

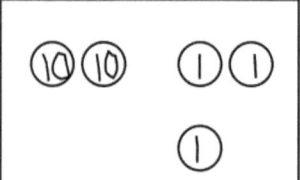

13 + 6

10   3

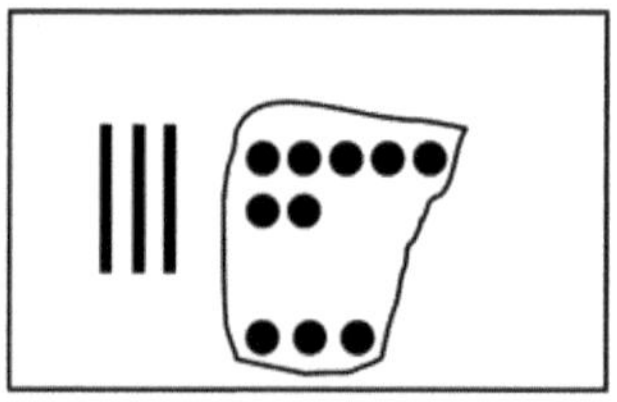

الدرس 17 مساعد الواجبات المنزلية 1•4

1. استخدم رسومات العشرات السريعة أو الروابط الرقمية لتكوين جملة رقمية صحيحة.

أ. $10 + 13 =$ **23**

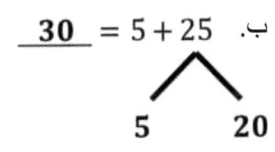

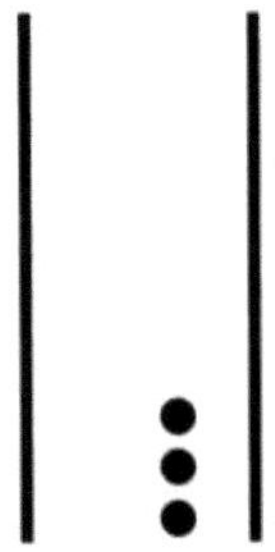

يمكنني رسم 13 وبعد ذلك فقط أضيف عشرة سريعة. دعني أعد ما معي الآن: 10، 20، ...،23.

ب. $5 + 25 =$ **30**

20 5

$5 + 5 = 10$

$10 + 20 = 30$

يمكنني تفكيك 25 إلى 20 و 5. جمعت 5 و 5 لتكوين العشرة التالية. العشرة التالية هي 30.

2. كيف قمت بحل المسألة 1 (أ)؟ لماذا اخترت هذه الطريقة للحل؟

اخترت استخدام طريقة رسم العشرة السريعة لأني لم أرسم سوى عشرة. كانت هذه طريقة سريعة لعرض 13 + 10 = 23.

3. كيف قمت بحل المسألة 1 (ب)؟ لماذا اخترت هذه الطريقة للحل؟

استخدمت رابطًا رقميًا لأنني أردت رؤية الأجزاء التي لديّ. عندما أفكك الرقم 25 إلى 20 و 5، أرى بأنني يمكنني جمع 5 و 5 لتكوين عشرة جديدة.

الاسم ________________________ التاريخ ______________

استخدم رسومات العشرات السريعة أو الروابط الرقمية لتكوين جملة رقمية صحيحة.

.1 $20 + 13 =$ ______	.2 $6 + 23 =$ ______
.3 $23 + 10 =$ ______	.4 $6 + 28 =$ ______
.5 $7 + 26 =$ ______	.6 $17 + 20 =$ ______

7. كيف قمت بحل المسألة 5؟ لماذا اخترت هذه الطريقة للحل؟

حل باستخدام رسومات العشرة السريعة أو الروابط الرقمية.

.8 $9 + 23 =$ _______	.9 $7 + 27 =$ _______
.10 $10 + 24 =$ _______	.11 $18 + 20 =$ _______
.12 $9 + 28 =$ _______	.13 $9 + 29 =$ _______

14. كيف قمت بحل المسألة 11؟ لماذا اخترت هذه الطريقة للحل؟

1. حل طالبان مسألة الجمع أدناه بطريقتين مختلفتين. هل هما على صواب؟ لما توافق، أو لما لا توافق؟

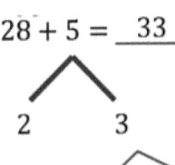

$28 + 5 = \underline{33}$

$28 \xrightarrow{+2} 30 \xrightarrow{+3} 33$

استخدم الطالب طريقة الأسهم للحصول على الإجابة. استخدم 2 للوصول إلى 30 وبعد ذلك أضاف 3 أكثر للحصول على 33. وهذا يعني أنها أضافت 5 إجمالاً للوصول إلى 33. هذا صحيح.

$28 + 5 = \underline{33}$

2 3

فككت هذه الطالبة العدد 5 حتى تتمكن من الوصول إلى العشر التالية. وهي بحاجة إلى 2 للحصول على 30. ثم أضافت الباقي للحصول على 33. هذا صحيح.

كلاهما على صواب. 28 زائد 5 يساوي 33. استخدم الطالب الأول طريقة الأسهم لعرض فكرته. أضاف هذا الطالب 2 للوصول إلى 30 ثم أضاف 3 أكثر لأنه اضطر إلى إضافتها 5 معًا. استخدمت الطالبة الثانية رابط رقمي لعرض كيف حصلت على 33.

2. طالبان آخران حلا نفس المسألة المعروضة أدناه باستخدام طريقة العشرة السريعة. هل هما على صواب؟ لما توافق، أو لما لا توافق؟

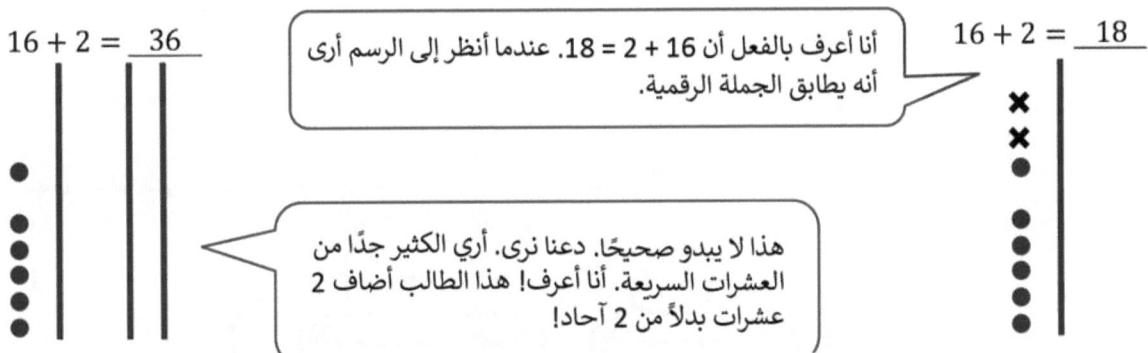

$16 + 2 = \underline{18}$

أنا أعرف بالفعل أن 16 + 2 = 18. عندما أنظر إلى الرسم أرى أنه يطابق الجملة الرقمية.

$16 + 2 = \underline{36}$

هذا لا يبدو صحيحًا. دعنا نرى. أري الكثير جدًا من العشرات السريعة. أنا أعرف! هذا الطالب أضاف 2 عشرات بدلاً من 2 آحاد!

الطالب الأول على صواب. الطالب الثاني ليس على صواب. أضاف الطالب الثاني عشرات سريعة بدلاً من الآحاد. لديه زيادة.

3. ارسم دائرة حول أي عمل صحيح لطالب.

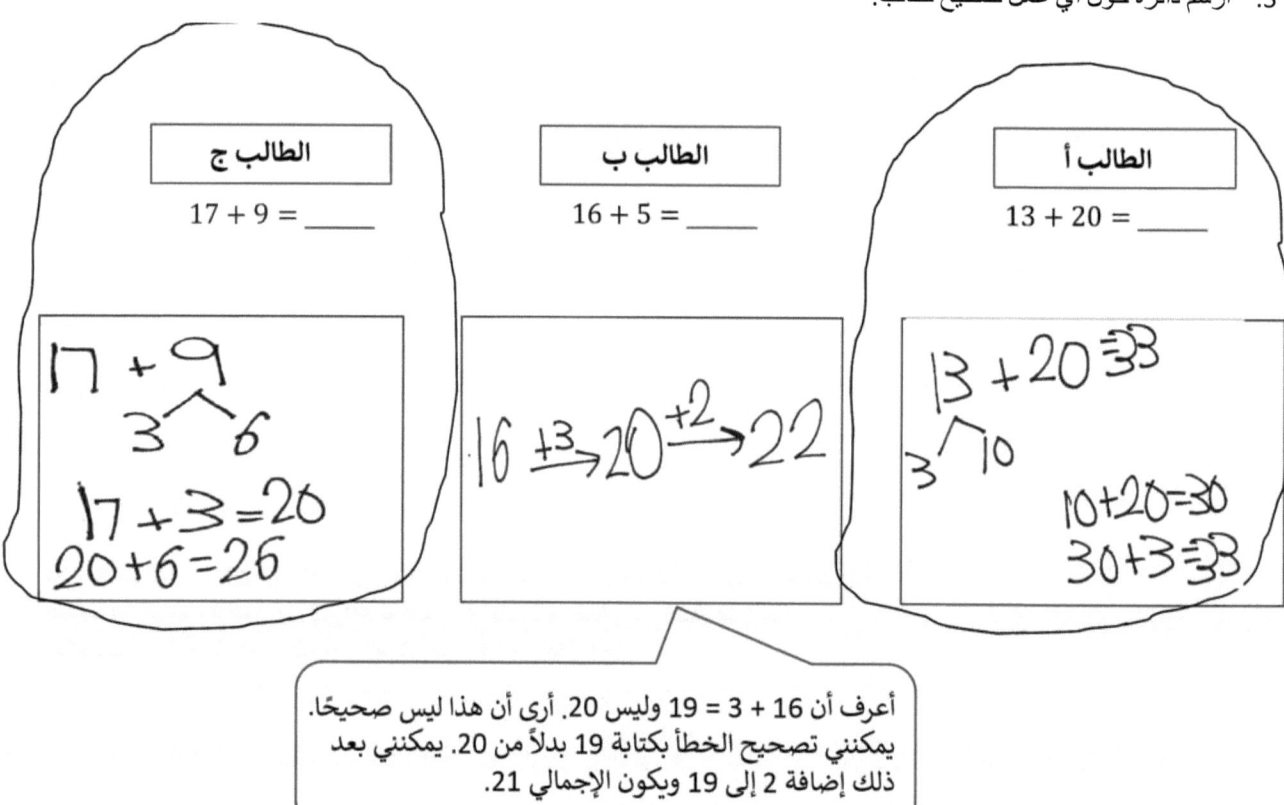

الطالب ج	الطالب ب	الطالب أ
$17 + 9 =$ _____	$16 + 5 =$ _____	$13 + 20 =$ _____
17 + 9 3 ^ 6 17 + 3 = 20 20 + 6 = 26	16 +3→ 20 +2→ 22	13 + 20 = 33 3 ^ 10 10 + 20 = 30 30 + 3 = 33

أعرف أن 16 + 3 = 19 وليس 20. أرى أن هذا ليس صحيحًا. يمكنني تصحيح الخطأ بكتابة 19 بدلاً من 20. يمكنني بعد ذلك إضافة 2 إلى 19 ويكون الإجمالي 21.

صحح عمل الطالب الغير صحيح عن طريق عمل رسم أو رسومات جديدة في المربع أدناه.

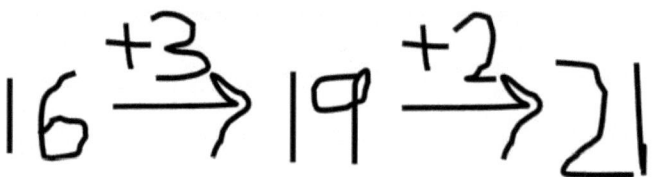

16 +3→ 19 +2→ 21

اختر عمل الطالب الصحيح، وقدم له مقترحًا لتحسين مستواه.

يمكن حل عمل الطالب أ بدون تفكيك العدد 13. يمكنني إضافة 2 عشرة إلى 13. يمكنني القيام بذلك ذهنياً والحصول على الإجابة وهي 33.

الاسم _____   التاريخ _____

1. حل طالبان مسألة الجمع أدناه بطريقتين مختلفتين.

$$18 + 9$$

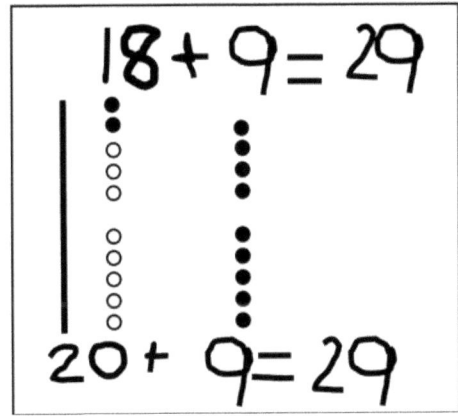 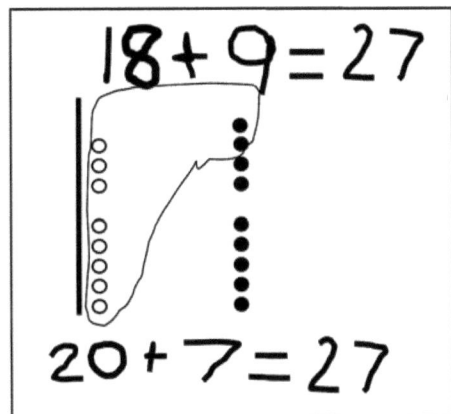

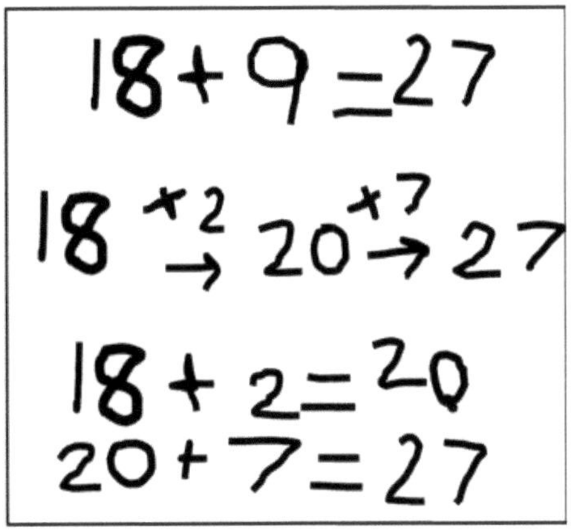

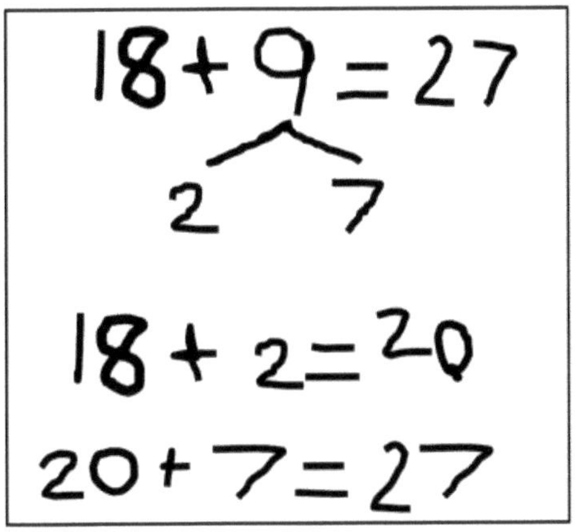

هل هما على صواب؟ لما توافق، أو لما لا توافق؟

2. طالبان آخران حلا نفس المسألة باستخدام العشرات السريعة.

هل هما على صواب؟ لما توافق، أو لما لا توافق؟

3. ارسم دائرة حول أي عمل صحيح لطالب.

19 + 6

الطالب أ	الطالب ب	الطالب ج

الطالب أ:
19 + 6
20 + 6 = 26

الطالب ب:
19 + 6
  ∧
  1 5
19 + 1 = 20
20 + 5 = 25

الطالب ج:
19 + 6
19 +1→ 20 +5→ 25

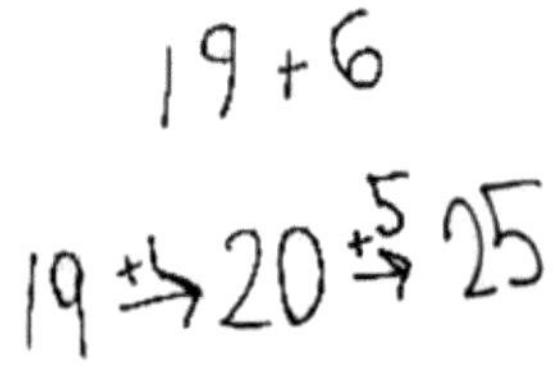

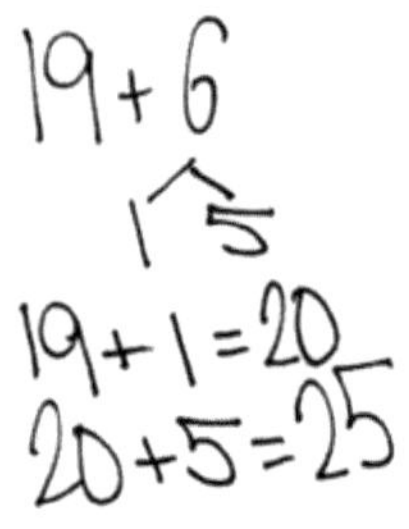

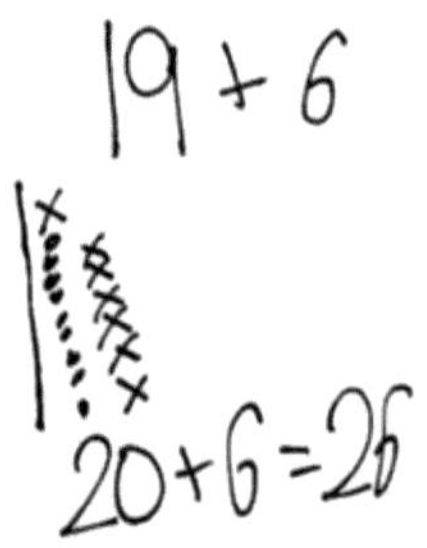

صحح عمل الطالب الغير صحيح عن طريق عمل رسم أو رسومات جديدة في المربع أدناه.

اختر عمل الطالب الصحيح، وقدم له مقترحًا لتحسين مستواه.

حل باستخدام عملية اقرأ وارسم واكتب.

جون لديه 5 سيارات سباق لعبة حمراء و12 سيارة سباق لعبة زرقاء. كم عدد سيارات السباق إجمالاً التي يملكها جون؟

أستطيع رسم 5 دوائر لسيارات السباق الحمراء. أضع دوائري في مستطيلات لبقائها منظمة. أعنون رسمي بالرقم 5 والحرف R، وبالتالي أعرف أن هذا المستطيل يمثل سيارات السباق الـ 5 الحمراء.

أقوم بتوصيل المستطيلين ورسم مربع مع علامة استفهام معنونة بالحرف T لأنها تمثل المجموع. عندما أحصل على الإجمالي، أكون قد عرفت إجابة السؤال.

أستطيع رسم 12 دائرة لسيارات السباق الزرقاء. أرتب دوائري وأضعها في مستطيل معنون بالرقم 12 والحرف B، وبالتالي أعرف أن هذا المستطيل يمثل سيارات السباق الـ 12 الزرقاء.

$\boxed{17} = 12 + 5$

أرسم مربعًا حول 17 لأنها الإجمالي وإجابة السؤال. آخر جزء في RDW هو الكتابة. أستطيع كتابة عبارة لإجابة السؤال.

جون لديه 17 سيارة سباق.

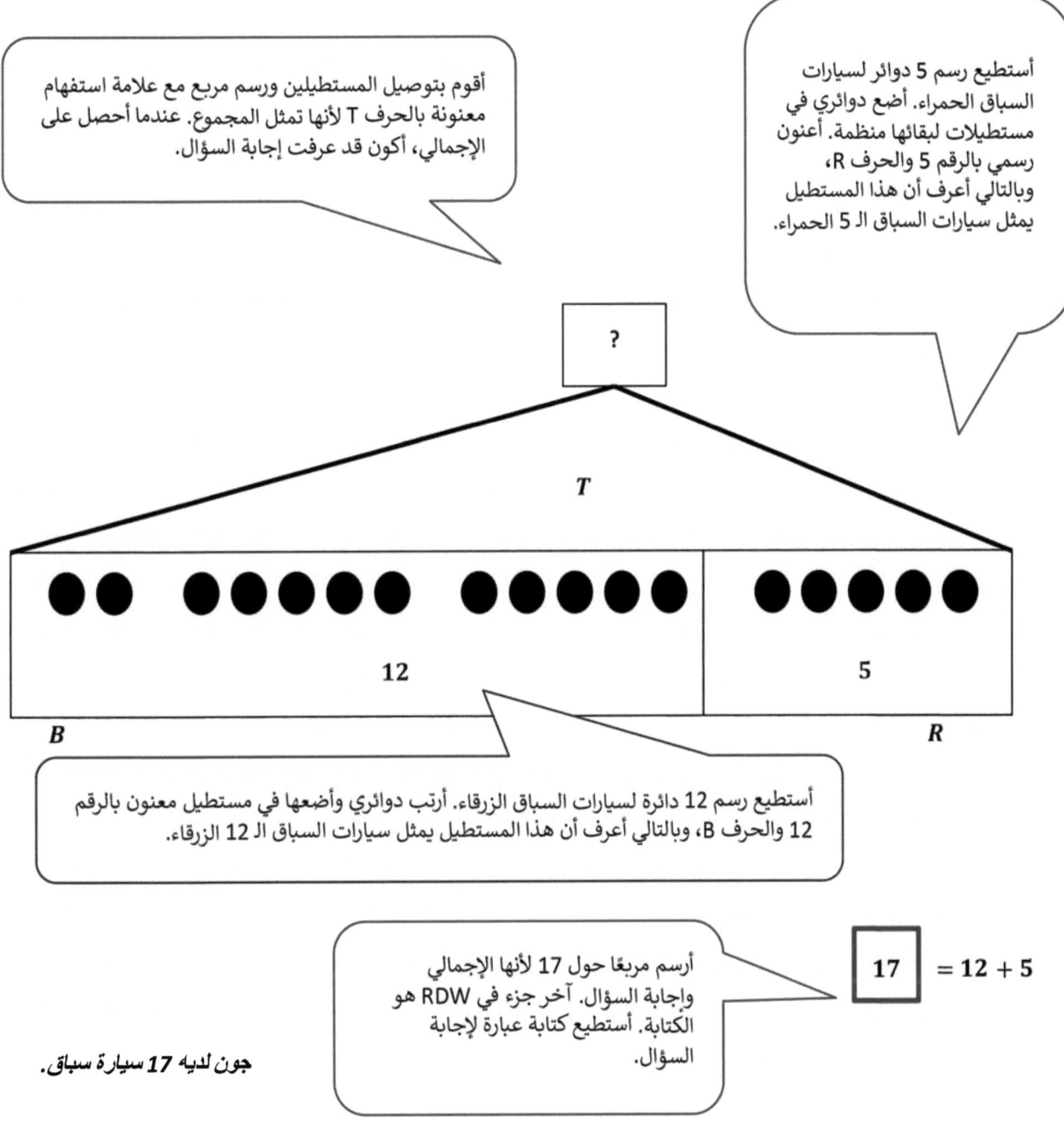

الاسم _____ التاريخ _____

اقرأ المسألة اللفظية.
ارسم الرسم البياني الشريطي والعنوان.
اكتب الجملة الرقمية والعبارة التي تطابق القصة.

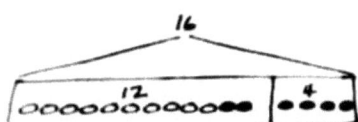

1. دارنيل يلعب بـ 4 روبوتات حمراء. ينضم إليه بن بـ 13 روبوتًا أزرق. كم عدد الروبوتات التي يمتلك

يمتلكان _____ ربوتات.

2. كان لدى روز وإيمي مسابقة حبل القفز. قفزت روز 14 مرة، وقفزت إيمي 6 مرات. كم مرة قفزت روز وإيمي؟

قفزتا _____ مرة.

3. حسب بيدرو الطائرات التي تقلع وتهبط في المطار.
رأى 7 طائرات تقلع و 6 طائرات تهبط. كم عدد الطائرات التي أحصاها بالكامل؟

حسب بيدرو _____ طائرات.

4. سجلت تمرة وويلي جميع النقاط لفريقهم في مباراة كرة السلة. وسجلت تمرة 13 نقطة، وويلي 5 نقاط. ما هي نتيجة فريقهم في المباراة؟

أحرز الفريق نتيجة _____ نقطة.

ماذا يمكنني أن أرسم؟

حل باستخدام عملية اقرأ وارسم واكتب.

1. ماري لديها 14 تمرينًا للعب هذا الشهر. 7 تمارين منها بعد المدرسة، والباقي في المساء. كم عدد التمارين في المساء؟

ما الذي عرفته بعد أن قرأت المسائلة؟

أعرف المجموع أو الإجمالي.
يمكنني رسم 14 دائرة في صفوف من خمس مجموعات لتمثيل العدد الكلي للتمارين.

أعرف أن هناك 7 تمارين بعد المدرسة.
أستطيع رسم مستطيل حول 7 من الدوائر لتمثيل الـ 7 تمارين التي بعد المدرسة. أعنون المستطيل بالحرف A للتمارين بعد المدرسة.

أرسم مستطيلاً حول الدوائر المتبقية. هذا يمثل التمارين التي تكون في المساء. أقوم بعد الدوائر وأرى أن هناك 7 تمارين في المساء. أعنون المستطيل بالحرف E للتمارين في المساء.

$14 - 7 =$ 7

أرسم مستطيل حول 7 لأن 7 هو إجابة السؤال.

ماري لديها 7 تمارين في المساء.

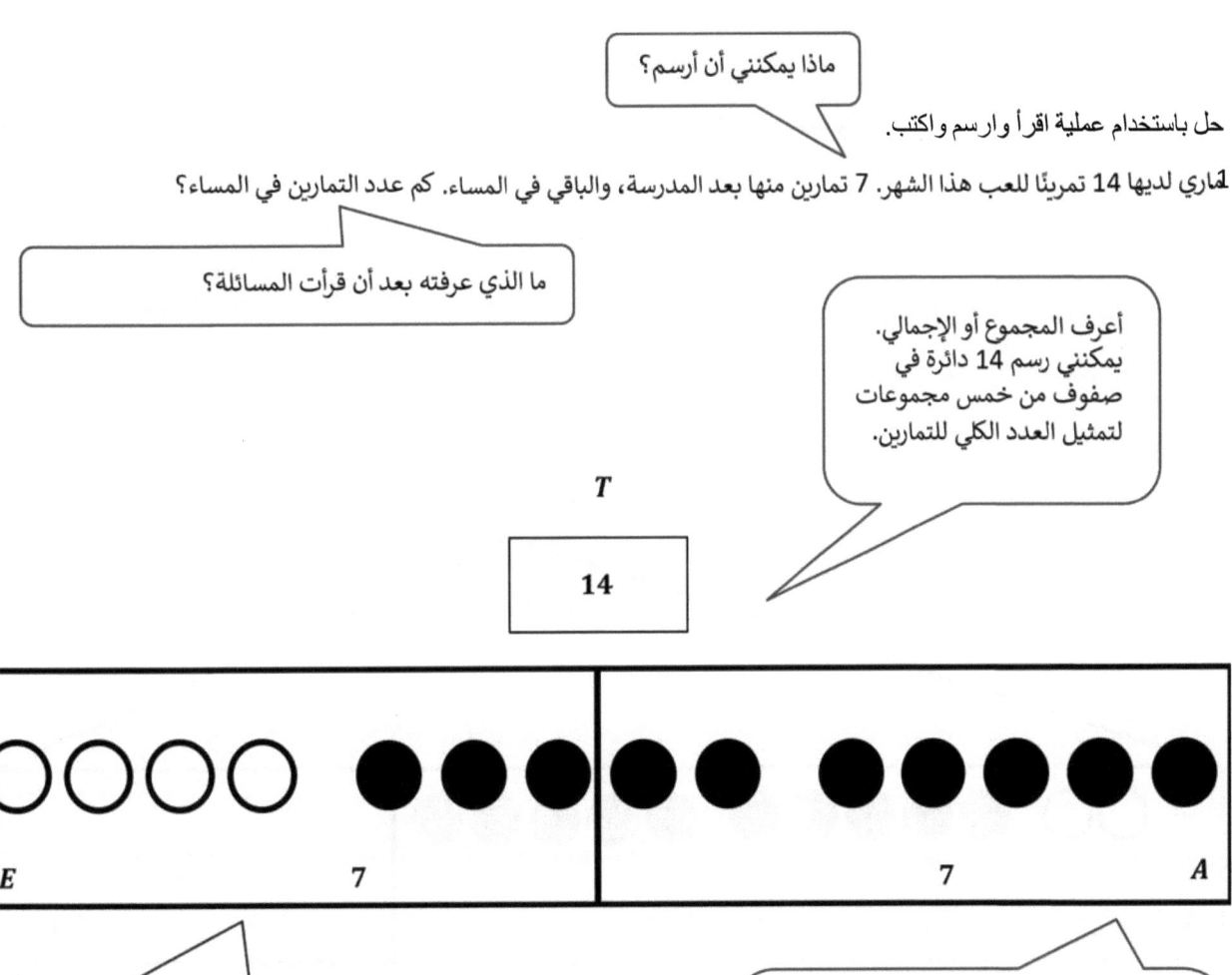

2. أعطت كاتلين بعض ملصقاتها لصديقها. كان لديها 18 ملصقًا في البداية، ولا يزال لديها 12 ملصقًا. كم عدد الملصقات التي أعطتها كاتلين لصديقتها؟

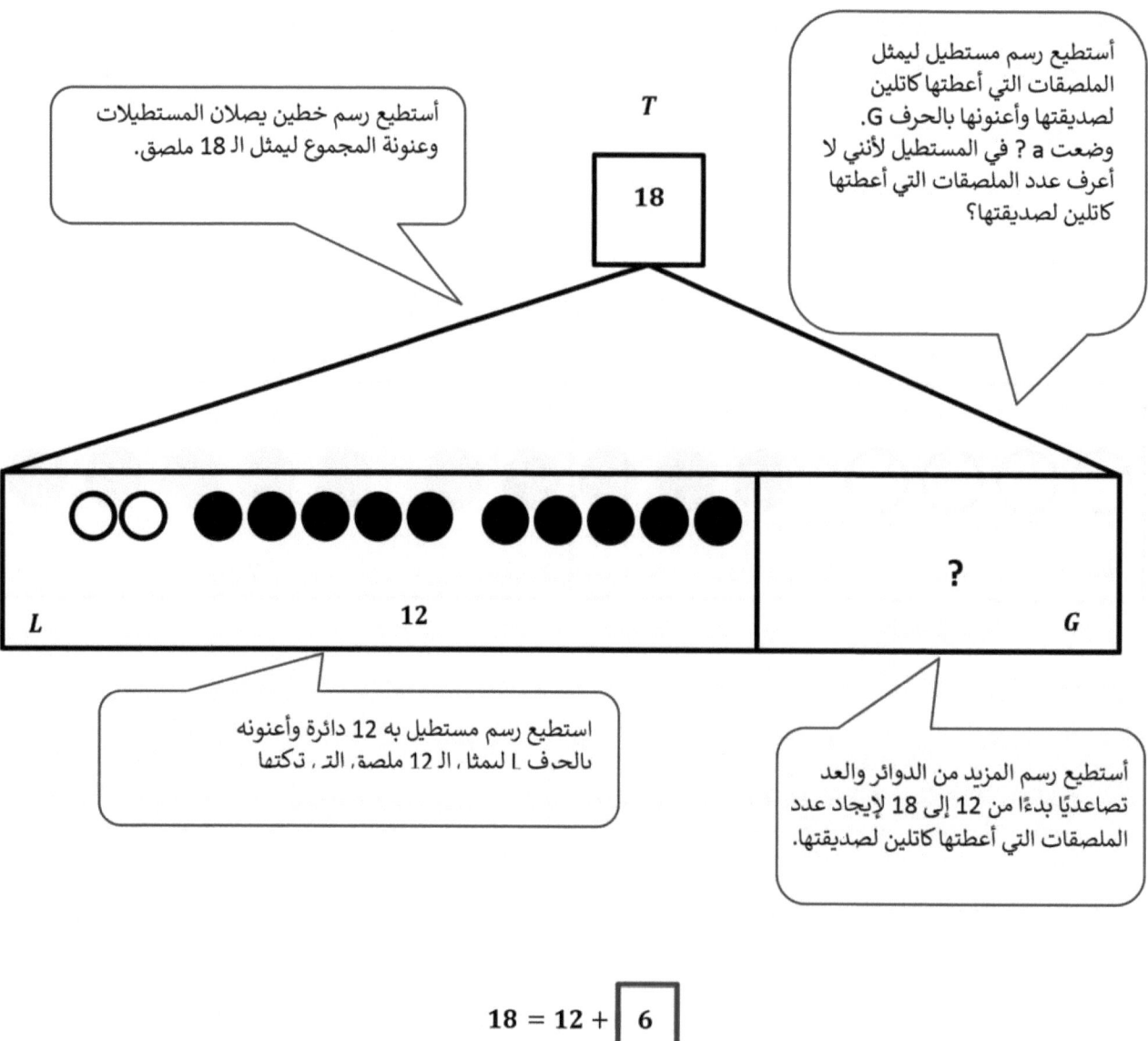

$18 = 12 + \boxed{6}$

أعطت كاتلين 6 ملصقات لصديقتها.

EUREKA MATH

الاسم _____ التاريخ _____

اقرأ المسألة اللفظية.
ارسم الرسم البياني الشريطي والعنوان.
اكتب الجملة الرقمية والعبارة التي تطابق القصة.

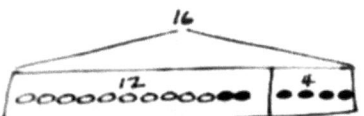

1. روز لديها 12 تمرينًا لكرة القدم هذا الشهر. 6 تمارين في فترة ما بعد الظهر، لكن الباقي في الصباح. كم عدد التمارين في الصباح؟

روز لديها _____ تمارين في الصباح.

2. اصطاد بن 16 سمكة. أعاد البعض إلى البحيرة. أحضر 7 أسماك إلى المنزل. كم عدد الأسماك التي أعادها إلى البحيرة؟

أعاد بن _____ سمكات إلى البحيرة.

3. حل نيكل 9 مسائل في أول تمرين السرعة. ثم قام نيكل بحل 11 مسألة في ثاني تمرين السرعة. كم عدد المسائل التي حلها في تمرينيّ السرعة؟

حل نيكل ________ مسألة في تمارين السرعة.

4. أعادت شانيكا بعض الكتب إلى المكتبة؟ كان بحوزتها في البداية 16 كتابًا، ولازال لديها 13 كتابًا متبقيًا. كم عدد الكتب التي أعادتها إلى المكتبة.

أعادت شانيكا ________ كتابًا إلى المكتبة.

حل باستخدام عملية اقرأ وارسم واكتب.

صنعت إيمي سوارًا طوله 13 سم. لم يكن السوار مناسبًا لذلك جعلت السوار أطول. يبلغ طول السوار الآن 17 سم. كم سنتيمترًا أضافته إيمي إلى السوار؟

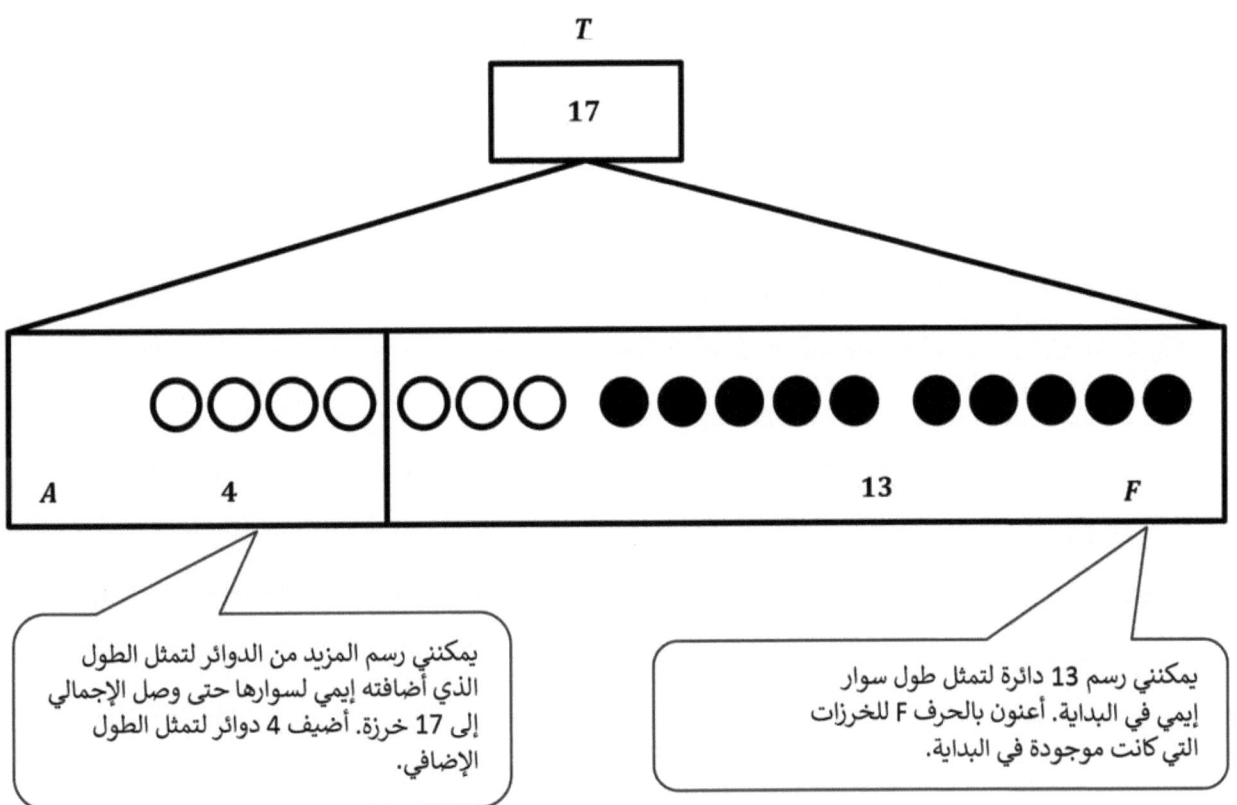

$17 = \boxed{4} + 13$

أضافت إيمي 4 سنتيمترات إلى السوار.

الاسم _____ التاريخ _____

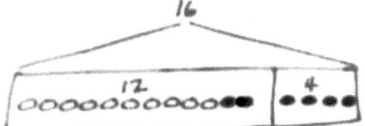

اقرأ المسألة اللفظية.
ارسم الرسم البياني الشريطي والعنوان.
اكتب الجملة الرقمية والعبارة التي تطابق القصة.

1. تملك فاطمة 12 قلم رصاص ملون في حقيبتها. وتملك أيضًا 6 أقلام رصاص متساوية. كم عدد أقلام الرصاص التي تملكها فاطمة؟

فاطمة لديها _____ قلم رصاص.

2. سبح جوليو سبع لفات في الصباح. في فترة ما بعد الظهر، سبح بعض اللفات أكثر. سبح ما مجموعه 14 لفة. كم عدد لفات السباحة التي قام بها بعد الظهر؟

سبح جوليو _____ لفات في فترة ما بعد الظهر.

3. بنى بيتر 18 نموذجًا. بنى 13 نموذج طائرة وبعض نماذج السيارات. كم عدد نماذج السيارات التي بناها؟

بنى بيتر _____ نموذج سيارة.

4. وجدت كيانا بعض المحارات على الشاطئ. أعطت 8 محارات إلى أخيها. الآن، لديها 9 محارات. كم عدد المحارات التي وجدتها كيانا على الشاطيء؟

وجدت كيانا _____ محارة.

استخدم الرسوم البيانية الشرطية لكتابة مجموعة متنوعة من المسائل اللفظية. استخدم بنك الكلمات، إذا تطلب الأمر.
تذكر عنوِنة نموذجك بعد كتابتك للقصة.

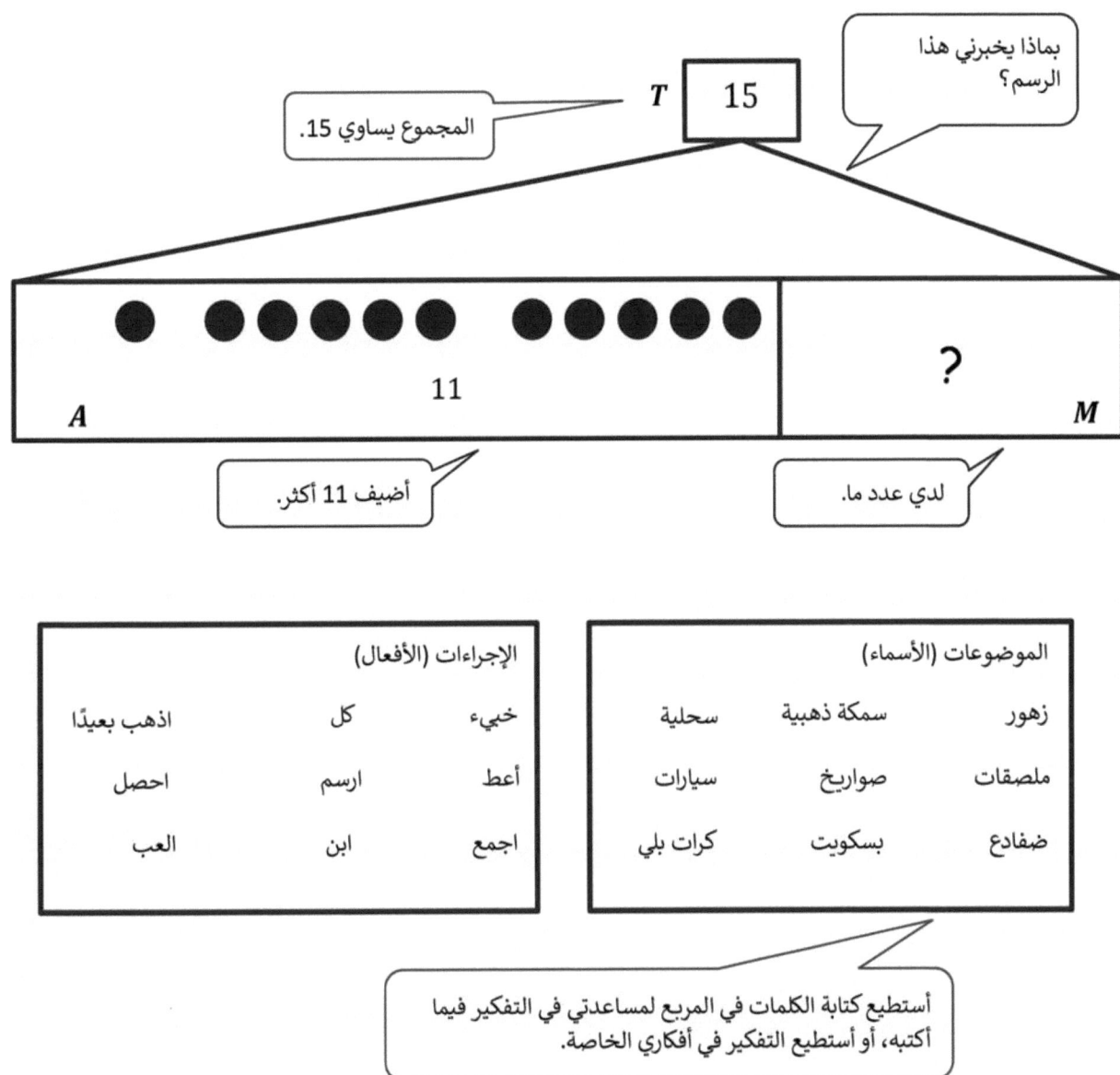

الموضوعات (الأسماء)		
زهور	سمكة ذهبية	سحلية
ملصقات	صواريخ	سيارات
ضفادع	بسكويت	كرات بلي

الإجراءات (الأفعال)		
خبيء	كل	اذهب بعيدًا
أعط	ارسم	احصل
اجمع	ابن	العب

أستطيع كتابة الكلمات في المربع لمساعدتي في التفكير فيما أكتبه، أو أستطيع التفكير في أفكاري الخاصة.

قطف بيث بعض الزهور لوالدتها في الصباح. قطفت 11 زهرة إضافية بعد الظهر. الآن لديها 15 زهرة لوالدتها. كم عدد الزهرات التي قطفتها بيث في الصباح؟

الاسم ____________________ التاريخ ____________

استخدم الرسوم البيانية الشرطية لكتابة مجموعة متنوعة من المسائل اللفظية.
استخدم بنك الكلمات إذا تطلب الأمر. تذكر عنوّنة نموذجك بعد كتابتك للقصة.

الموضوعات (الأسماء)

زهور	اسماك ذهبية	سحالي
ملصقات	سيارات	صواريخ
ضفادع	مقرمشات	كرات بلي

الأفعال (الأفعال)

يختفي	يأكل يذهب	بعيدًا
يعطي	يرسم	يحصل
يجمع	يبني	يلعب

.1

17
12
5

الدرس 22: اكتب مسائل لفظية مختلفة.

EUREKA MATH

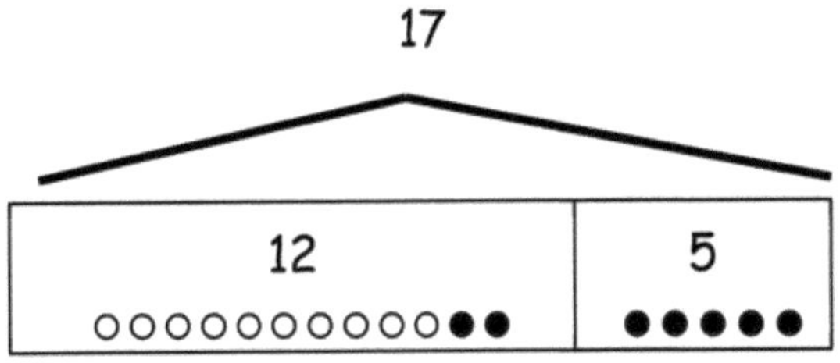

قصة الوحدات "الدرس 22 الواجبات المنزلية 4•1

2.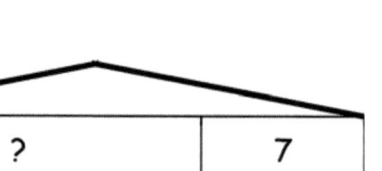

1. املأ الفراغات، وواصل الأزواج التي تظهر نفس العدد.

أستطيع مطابقة هذه الصور لأن كل منهما تظهر 32. 3 عشرات 2 آحاد يساوي 2 عشرات 12 آحاد. إذا جمعت 10 آحاد في الصورة على اليمين، سيكون معي 3 عشرات و 2 آحاد.

__2__ عشرات __12__ آحاد

__3__ عشرات __2__ آحاد

2. وصل مخططات القيمة المكانية التي تظهر نفس العدد.

يظهر مخطط القيمة المكانية عدد العشرات والآحاد. من المقبول وجود أكثر من 9 في الآحاد. 2 عشرات 15 آحاد يساوي 35.

عشرات	آحاد
3	7

عشرات	آحاد
2	15

عشرات	آحاد
3	5

عشرات	آحاد
0	37

3 عشرات 7 آحاد يساوي 37 آحاد. أستطيع تفكيك الـ 3 عشرات، والتي تكوّن 30 آحاد. أجمع الـ 7 آحاد، والآن معي 37 آحاد.

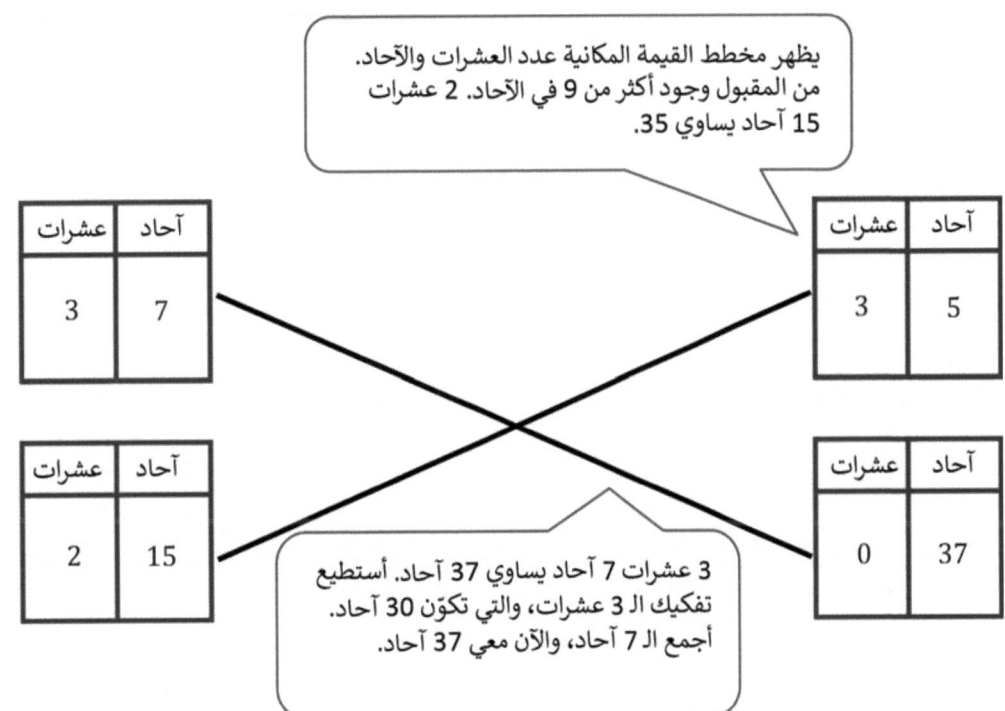

3. ارسم عشرات سريعة لتوضيح إذا كانت إيمي أو بن على صواب.

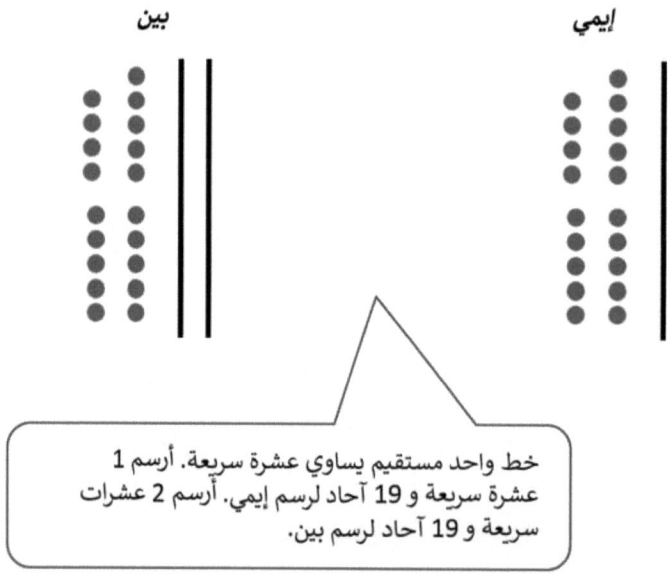

خط واحد مستقيم يساوي عشرة سريعة. أرسم 1 عشرة سريعة و 19 آحاد لرسم إيمي. أرسم 2 عشرات سريعة و 19 آحاد لرسم بين.

إيمي على صواب لأن لديها 1 عشرة 19 آحاد نفس العدد 29.

قصة الوحدات   الدرس 23 الواجبات المنزلية   1•4

الاسم _____   التاريخ _____

1. املأ الفراغات، وواصل الأزواج التي تظهر نفس العدد.

أ.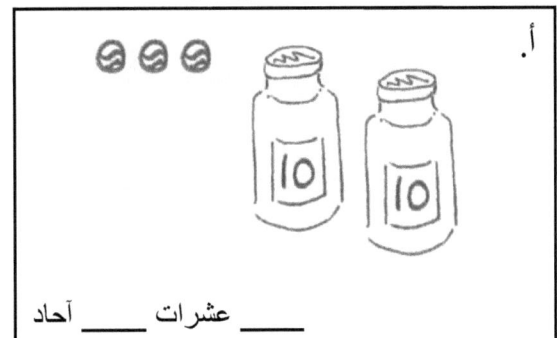
____ عشرات ____ آحاد

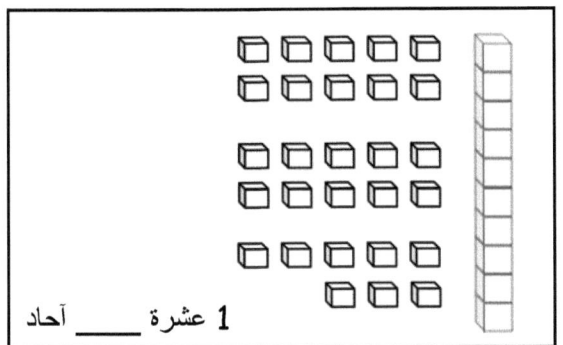
2 عشرة ____ آحاد

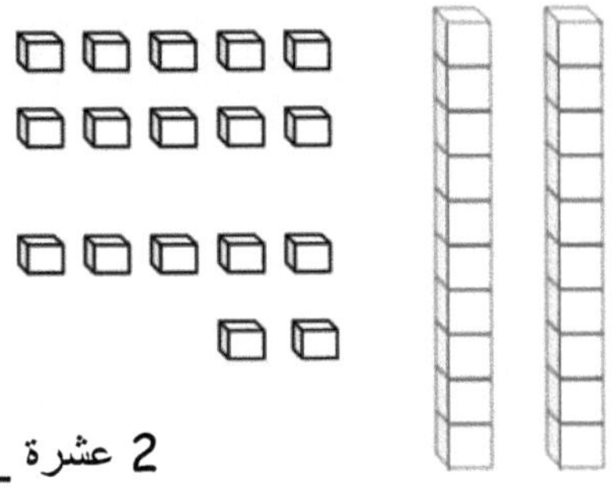

ب.
____ عشرات ____ آحاد

1 عشرة ____ آحاد

ج.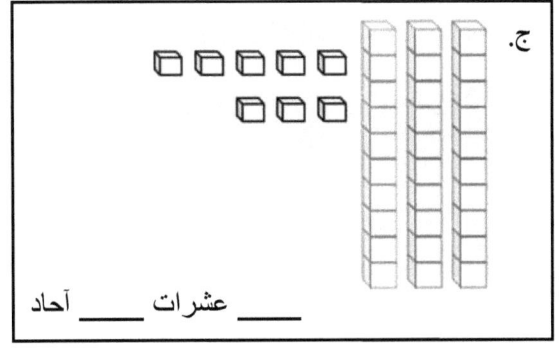
____ عشرات ____ آحاد

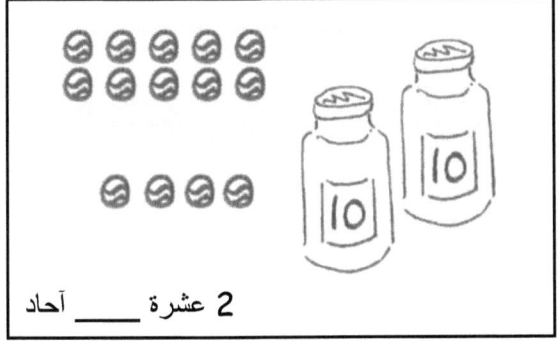
2 عشرة ____ آحاد

د.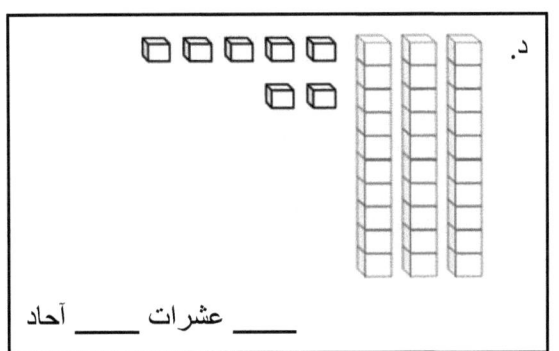
____ عشرات ____ آحاد

1 عشرة ____ آحاد

الدرس 23: فسر الأعداد المكونة من رقمين بوصفها عشرات وآحاد، بما في ذلك الحالات التي تكون فيها أكثر من 9 آحاد.

2. وصل مخططات القيمة المكانية التي توضح نفس العدد.

أ.

آحاد	عشرات
18	2

آحاد	عشرات
8	3

ب.

آحاد	عشرات
16	1

آحاد	عشرات
1	2

ج.

آحاد	عشرات
21	0

آحاد	عشرات
6	2

3. تحقق عن كل جملة صحيحة.

☐ أ. 35 هو نفس العدد المكون من 1 عشرة 25 آحاد.

☐ ب. 28 هو نفس العدد المكون من 1 عشرة 18 آحاد.

☐ ج. 36 هو نفس العدد المكون من 2 عشرة 16 آحاد.

☐ د. 39 هو نفس العدد المكون من 2 عشرة 29 آحاد.

4. إيمي تقول بأن لديها 37 نفس العدد 1 عشرة 27 آحاد، وبن يقول بأنه لديه 37 نفس العدد 2 عشرة و7 آحاد. ارسم عشرات سريعة لتوضيح أيهما على صواب إيمي أو بن.

1. حل باستخدام الروابط الرقمية. اكتب جملتين رقميتين لشرح ما أضافته 10 أولاً. ارسم عشرات سريعة وآحاد إذا ساعدتك.

أ.

$15 + 13 = \underline{28}$

10   3

$15 + 10 = 25$

$25 + 3 = 28$

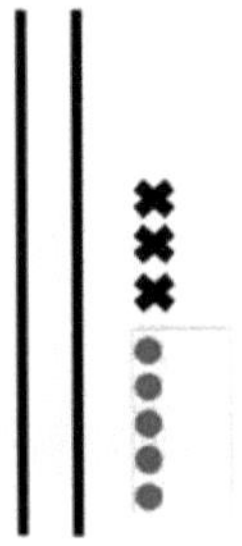

أستطيع رسم 15 مستخدمًا عشرات سريعة وآحاد. أستطيع تفكيك 13 إلى 10 و 3. أجمع 15 و 10، والذي يساوي 25. أجمع ال 3 آحاد مع 25. أستخدم x لأظهر أنني أجمع ال 3 آحاد.

ب.

$16 + 23 = \underline{39}$

10   6

$23 + 10 = \underline{33}$

$\underline{33} + 6 = \underline{39}$

أريد جمع 10 أولاً، لذلك أفكك 16 إلى 10 و 6 مستخدمًا رابطة رقمية. أجمع 10 و 23 للحصول على 23. بعد ذلك أجمع 33 و 6، وهي إجابتي 39.

2. حل باستخدام الروابط الرقمية.

أ.

$17 + 23 = \underline{40}$

10   7

$23 + 10 = 33$

$33 + 7 = 40$

أستطيع تفكيك 17 إلى 10 و 7 مستخدمًا رابطة رقمية. أجمع 10 و 23، والذي يساوي 33. بعد ذلك أجمع 33 و 7، للحصول على إجابتي 40.

ب.

$22 + 18 = \underline{40}$

10   8

لم أكتب الجملتين الرقميتين لأنني كنت قادر على الجمع في رأسي.

الاسم _____ التاريخ _____

1. حل باستخدام الروابط الرقمية. اكتب جملتين رقميتين لشرح ما أضافته 10 أولاً. ارسم عشرات سريعة وآحاد إذا ساعدتك.

أ. 13 + 16 = ____

10   3

26 = 10 + 16

29 = 3 + 26

ب. 16 + 23 = ____

10   6

____ = 10 + 23

____ = 6 + ____

ج. 16 + 14 = ____

10   4

____ = 10 + 16

____ = 4 + ____

د. 14 + 26 = ____

10   4

____ = 10 + 26

____ = ____ + ____

هـ. 17 + 13 = ____

10   3

____ = ____ + ____

____ = ____ + ____

و. 27 + 13 = ____

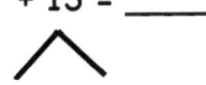

____ = ____ + ____

____ = ____ + ____

2. حل باستخدام الروابط الرقمية. لقد قمنا بحل بداية الجزء (أ) من أجلك.

أ.
14 + 13 = ____
  /\
 10 3

____ = ___ + ___

____ = ___ + ___

ب.
____ = 14 + 24

____ = ___ + ___

____ = ___ + ___

ج.
____ = 14 + 15

د.
____ = 15 + 24

هـ.
____ = 17 + 22

و.
____ = 12 + 27

ز.
____ = 12 + 18

ح.
____ = 12 + 28

الدرس 25 مساعد الواجبات المنزلية

1. حل باستخدام الروابط الرقمية. هذه المرة، أضف العشرات أولاً. اكتب جملتين رقميتين لشرح ما تقوم به.

أ.
12 + 16 = __28__

∧
10 2

16 + 10 = 26
26 + 2 = 28

ب.
23 + 17 = __40__

∧
10 7

23 + 10 = 33
33 + 7 = 40

أحتاج إلى جمع العشرات أولاً. يمكنني تفكيك 12 إلى 10 و2 وأجمع 10 على 16 أولاً. 10 + 16 = 26. لا يزال مع 2 أكثر للجمع: 26 + 2 = 28.

2. حل باستخدام الروابط الرقمية. هذه المرة، أضف الآحاد أولاً. اكتب جملتين رقميتين لشرح ما تقوم به.

أ.
23 + 16 = __39__

∧
6 10

23 + 6 = 29
29 + 10 = 39

ب.
11 + 29 = __40__

∧
10 1

29 + 1 = 30
30 + 10 = 40

لا يزال يمكنني تفكيك 16 إلى 6 و 10، ولكن هذه المرة أجمع 6 آحاد إلى 23 أولاً.

ألاحظ أنني عندما أجمع أحادي، تكون النتيجة هي الـ 10 التالية.

الاسم ________________ التاريخ ________

1. حل باستخدام الروابط الرقمية. هذه المرة، أضف العشرات أولاً. اكتب جملتين رقميتين لشرح ما تقوم به.

أ. 14 + 12 = _____	ب. 21 + 14 = _____
ج. 14 + 15 = _____	د. 14 + 25 = _____
هـ. 16 + 23 = _____	و. 24 + 16 = _____

2. حل باستخدام الروابط الرقمية. هذه المرة، أضف الآحاد أولاً. اكتب جملتين رقميتين لشرح ما تقوم به.

أ. ____ = 10 + 27

ب. ____ = 13 + 27

ج. ____ = 26 + 13

د. ____ = 14 + 26

هـ. ____ = 18 + 12

و. ____ = 21 + 18

ز. ____ = 11 + 19

ح. ____ = 19 + 21

1. حل باستخدام الرابط الرقمي لإضافة العشرة أولاً. اكتب جملتين إضافيتين التي تساعدك.

أحتاج إلى استخدام جمع العشرة أولاً. أقوم بتفكيك أحد الأعداد إلى 10 وبعض الآحاد.

أ.

25 + 14 = **39**

10 4

25 + 10 = **35**

35 + **4** = **39**

ب.

19 + 15 = **34**

10 5

19 + 10 = **29**

29 + **5** = **34**

جمع 10 مع أحد الأعداد سهل. أعرف أن 25 + 10 = 35. الآن، أحتاج فقط إلى جمع الآحاد؛ هذا سهل أيضًا.

2. حل باستخدام الرابط الرقمي لوضع العشرة أولاً. اكتب جملتين إضافيتين التي تساعدك.

أ.

16 + 19 = **35**

15 1

19 + 1 = **20**

20 + 15 = **35**

ب.

18 + 14 = **32**

2 12

18 + **2** = **20**

20 + **12** = **32**

يتم تفكيك 16 إلى 15 و 1 لأن 19 تحتاج 1 أكثر لتكوين العشرة التالية.

كان يمكنني أيضًا اختيار تفكيك 18 إلى 6 و 12 لأنني أستطيع تكوين العشرة التالية مع 6 و 14.

الدرس 26: اجمع زوج من الأعداد المكونة من رقمين عندما يكون مجموع أرقام الآحاد أكبر من 10.

قصة الوحدات   الدرس 26 الواجبات المنزلية   1●4

الاسم _____ التاريخ _____

1. حل باستخدام الرابط الرقمي لإضافة العشرة أولاً. اكتب جملتين إضافيتين التي تساعدك.

ب.   13 + 19 = ____
       10   3
 	
 29 = 10 + 19
 	
 32 = 3 + 29
	أ. 18 + 13 = ____
	       10 3
	
	 28 = 10 + 18
	
	 31 = 3 + 28

د.   17 + 16 = ____
       10   6
 	
 ____ = 10 + 17
 	
 ____ = 6 + ____
	ج. 17 + 15 = ____
	       10 5
	
	 ____ = 10 + 17
	
	 ____ = 5 + ____

و.   19 + 17 = ____
       10   7
 	
 ____ = 10 + 19
 	
 ____ = ____ + ____
	هـ. 17 + 14 = ____
	       10 4
	
	 ____ = 10 + 17
	
	 ____ = ____ + ____

الدرس 26: اجمع زوج من الأعداد المكونة من رقمين عندما يكون مجموع أرقام الآحاد أكبر من 10.

2. حل باستخدام الرابط الرقمي لوضع العشرة أولاً. اكتب جملتين رقميتين التي تساعدك.

أ.

19 + 13 = _____
∧
1   12

20 = 1 + 19

32 = 12 + 20

ب.

19 + 14 = _____
∧
1   13

20 = 1 + 19

33 = 13 + 20

ج.

18 + 15 = _____
∧
2   13

____ = 2 + 18

____ = 13 + 20

د.

18 + 17 = _____
∧
2   15

____ = 2 + 18

____ = 15 + ____

هـ.

18 + 19 = _____
∧
17   1

____ = 1 + ____

____ = 17 + ____

و.

19 + 19 = _____
∧
18   1

____ = ____ + ____

____ = ____ + ____

بالنسبة للمسائل التالية، حل باستخدام الاستراتيجية التي تشعرك بارتياح أكثر.

1. 17 + 15 = **32**

5 10

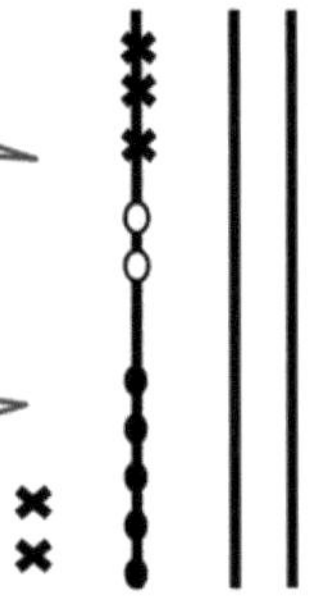

27 = 10 + 17

32 = 5 + 27

أشعر بارتياح أكثر لاستخدام العشرات السريعة والآحاد. أستطيع رسم 17 مع عشرة سريعة واحدة و 7 آحاد. أرسم الآحاد مع 5 دوائر مغلقة و (2) دائرتين مفتوحة، لمساعدتي في معرفة كم 7 زيادة أحتاجها لتكوين عشرة جديدة.

يمكنني تفكيك 15 إلى 10 و 5، وجمع عشرة سريعة بجانب العشرة السريعة في 17. الآن معي فقط 5 أكثر لجمعها. أستخدم x لرسم هذا الجزء لمساعدتي في تتبع كم أحتاج لرسمه. أضيف 3 x إلى الـ 7 آحاد في 17. أرسم خطًا عبر الدوائر و x لأن 7 و 3 تكون عشرة، لدي 2 أكثر لرسمها، أستطيع رسم 2 أكثر من x. رسمي يظهر 32.

2. 14 + 18 = **32**

28 = 10 + 18

32 = 4 + 28

بالنسبة لهذه المسألة، أشعر براحة أكثر لاستخدام استراتيجية جمع العشرة أولاً، وهذا يعني أنني أفكك 14 إلى 10 و 4، وبعد ذلك أجمع 10 و 18 وهذا يكوّن 28. لدى 4 أخرى للجمع. 28 و 4 يساوي 32.

3. 12 + 19 = **31**

21 = 2 + 19

31 = 10 + 21

بالنسبة لهذه المسألة، أشعر براحة أكثر لجمع الآحاد أولاً. 12 يساوي عشرة و 2. يمكنني جمع الـ 2 مع 19، وهذا يكون 21. بعد ذلك، يمكنني بسرعة جمع الـ 10 للحصول على الإجابة.

4. 18 + 19 = **37**

20 = 1 + 19

37 = 17 + 20

بالنسبة لهذه المسألة، أشعر براحة أكثر لتكوين 10. أعرف أن 19 تحتاج واحد أكثر لتكوين 20. يمكنني بسهولة تفكيك 18 إلى 1 و 17.

الاسم _____ التاريخ _____

1. حل باستخدام الروابط الرقمية مع أزواج الجمل الرقمية. يمكنك رسم العشرات السريعة وبعض الآحاد لمساعدتك.

ب. _____ = 15 + 16	أ. _____ = 14 + 17
د. _____ = 13 + 18	ج. _____ = 15 + 17
و. _____ = 16 + 18	هـ. _____ = 15 + 18
ح. _____ = 16 + 19	ز. _____ = 15 + 19

2. حل. يمكنك رسم العشرات السريعة وبعض الآحاد لمساعدتك.

أ. _____ = 14 + 19

ب. _____ = 17 + 19

ج. _____ = 17 + 18

د. _____ = 16 + 16

هـ. _____ = 14 + 17

و. _____ = 16 + 15

ز. _____ = 19 + 19

ح. _____ = 18 + 18

حل باستخدام عشرات سريعة وآحاد، والروابط الرقمية أو نظام الأسهم.

1. 26 + 13 = ___39___

قمت بالحل باستخدام طريقة الأسهم لأنني أعرف أن 13 تساوي 10 و 3. يمكنني جمع 10 أولاً للحصول على 36 وبعد ذلك جمع 3. إجابتي هي 39.

26 →+10 36 →+3 39

2. 18 + 18 = ___36___

16 2

قمت بالحل مستخدمًا رابطة رقمية. كونت عشرة. أعرف أن 18 تحتاج 2 أكثر لتكوين 20، لذلك فككت الـ 18 الأخرى إلى 2 و 16. جمعت 20 و 16 للحصول على إجابتي 36.

18 + 2 = 20
16 + 20 = 36

3. 22 + 18 = ___40___

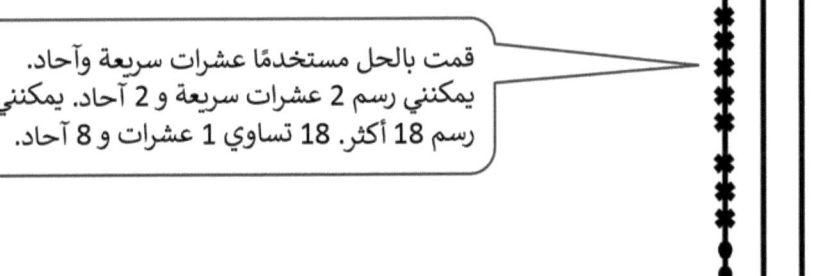

قمت بالحل مستخدمًا عشرات سريعة وآحاد. يمكنني رسم 2 عشرات سريعة و 2 آحاد. يمكنني رسم 18 أكثر. 18 تساوي 1 عشرات و 8 آحاد.

أستطيع رسم 2 آحاد في 22 مع دوائر والـ 8 آحاد في 18 مع x. عندما أفعل هذا أكون عشرة جديدة وأرسم خطًا عبرها.

الاسم _____ التاريخ _____

حل باستخدام عشرات سريعة وآحاد، والروابط الرقمية أو نظام الأسهم.

أ. 13 + 16 = _____

ب. 15 + 16 = _____

ج. 16 + 16 = _____

د. 26 + 12 = _____

هـ. 22 + 17 = _____

و. 17 + 15 = _____

ز. 17 + 16 = _____

ح. 18 + 17 = _____

ط. 24 + 13 = ____	ي. 15 + 24 = ____
ك. 19 + 16 = ____	ل. 14 + 22 = ____
م. 27 + 12 = ____	ن. 28 + 12 = ____
ص. 18 + 17 = ____	ف. 19 + 18 = ____

116 الدرس 28: اجمع زوجين من الأعداد المكونة من رقمين تحتوي على مجاميع مختلفة في الآحاد.

Copyright © Great Minds PBC

حل باستخدام عشرات سريعة وآحاد، والروابط الرقمية أو نظام الأسهم.

1. $\underline{\mathbf{40}} = 16 + 24$

$\mathbf{40} \xleftarrow{+6} \mathbf{34} \xleftarrow{+10} \mathbf{24}$

قمت بالحل مستخدمًا طريقة الأسهم لأنني أعرف أن 16 تساوي 10 و 6. أستطيع جمع 10 و 24 أولاً لأحصل على 34. أعرف أن 34 و 6 تساوي 40.

2. $\underline{\mathbf{29}} = 12 + 17$

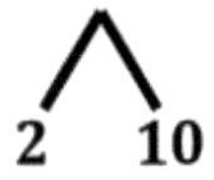

قمت بالحل مستخدمًا رابطة رقمية. جمعت 17 و 10 للحصول على 27. ثم جمعت 27 و 29 لأحصل على الإجابة 29. لا أحتاج لكتابة الجمل الرقمية لأنني أستطيع الحساب في رأسي.

لم أيتخدم في أي من خطوات الحل هذه المرة. استخدام طريقة الأسهم والروابط الرقمية أكثر صعوبة بالنسبة لي الآن. إذا تعثرت أستطيع استخدام رسم العشرة السريعة دائمًا.

الاسم ______________________ التاريخ ______________

1. حل باستخدام رسومات العشرات السريعة أو الروابط الرقمية أو طريقة الأسهم.

أ. _____ = 15 + 13	ب. _____ = 12 + 26
ج. _____ = 16 + 23	د. _____ = 16 + 17
هـ. _____ = 17 + 14	و. _____ = 12 + 27
ز. _____ = 18 + 15	ح. _____ = 16 + 18

الدرس 29: اجمع زوجين من الأعداد المكونة من رقمين تحتوي على مجاميع مختلفة في الآحاد.

2. حل باستخدام رسومات العشرات السريعة أو الروابط الرقمية أو طريقة الأسهم.

أ. _____ = 12 + 17	ب. _____ = 17 + 21
ج. _____ = 15 + 17	د. _____ = 13 + 27
هـ. _____ = 14 + 23	و. _____ = 17 + 18
ز. _____ = 11 + 18	ح. _____ = 18 + 18

الصف 1

الوحدة 5

1. ضع دائرة حول الأشكال التي تحتوي على 3 زوايا بالضبط.

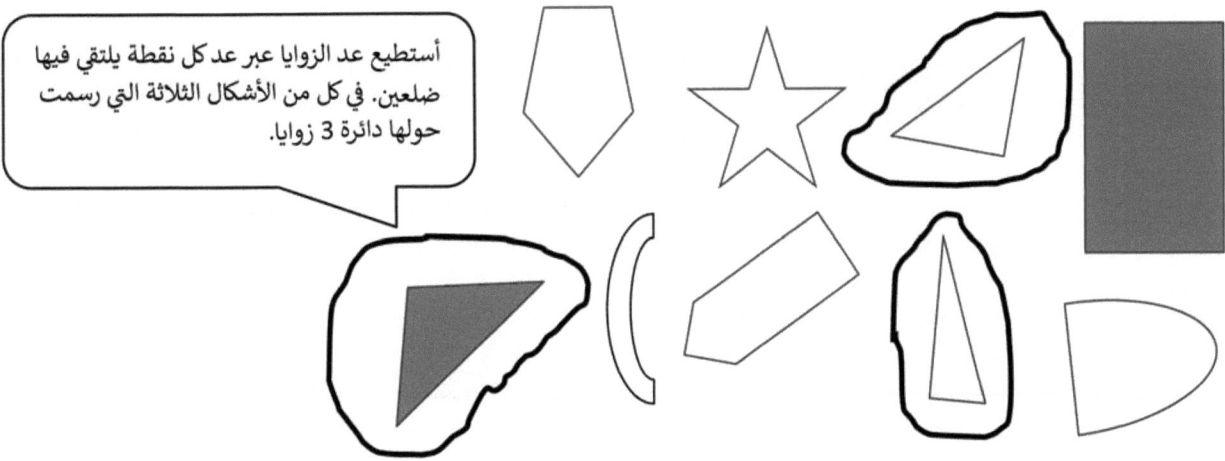

2. ضع دائرة حول الأشكال التي ليس لها زوايا مربعة.

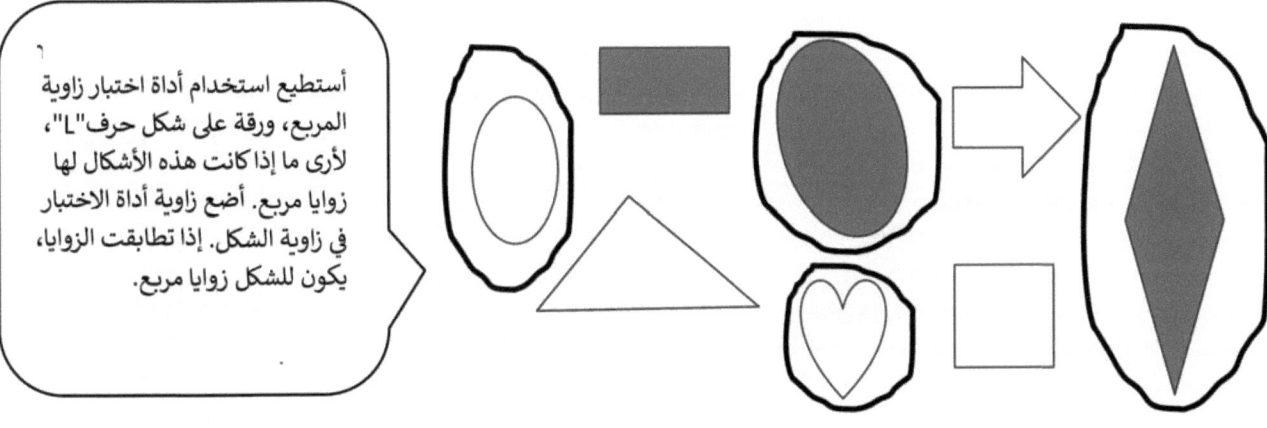

3. ضع دائرة حول الأشكال التي ليس لها اضلع مستقيمة.

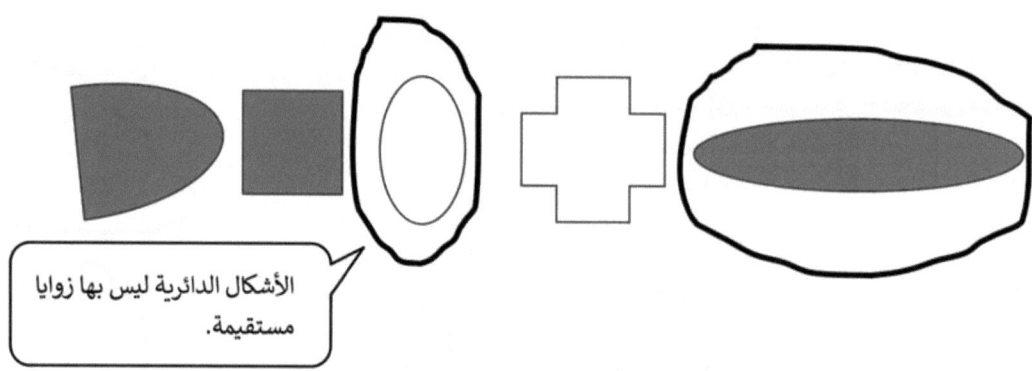

الأشكال الدائرية ليس بها زوايا مستقيمة.

4.

أ. ارسم شكلًا له زوايا مربعة فقط.

ب. ارسم شكلًا آخر مع زوايا مربعة مختلفة عن الشكل الذي رسمته في الجزء (أ) ومن الأشكال أعلاه.

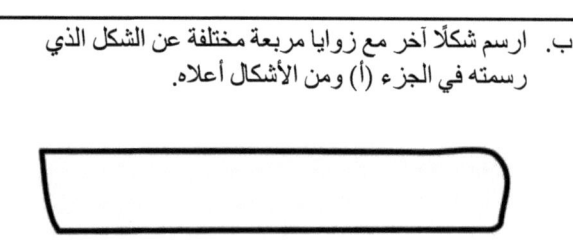

5. ما هي السمات أو الخصائص التي المشتركة بين جميع الأشكال في المجموعة أ؟

المجموعة أ

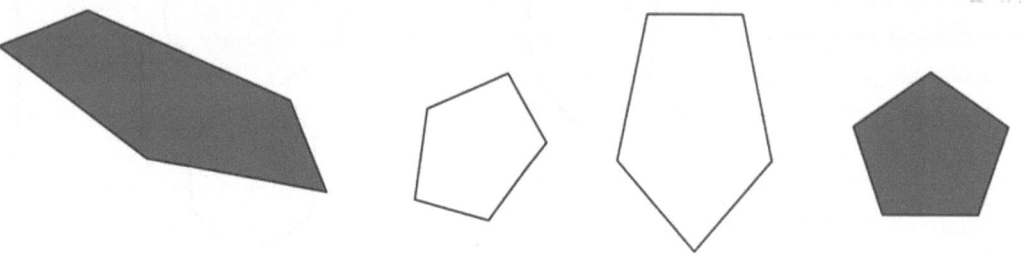

كافة الأشكال ***لديها 5 اضلع مستقيمة***.

كافة الأشكال ***لديها 5 زوايا***.

EUREKA MATH

6.

أ. ضع دائرة حول الشكل الأكثر ملاءمة للمجموعة أ في المسألة رقم 5 الدرس الأول بالواجب المنزلي

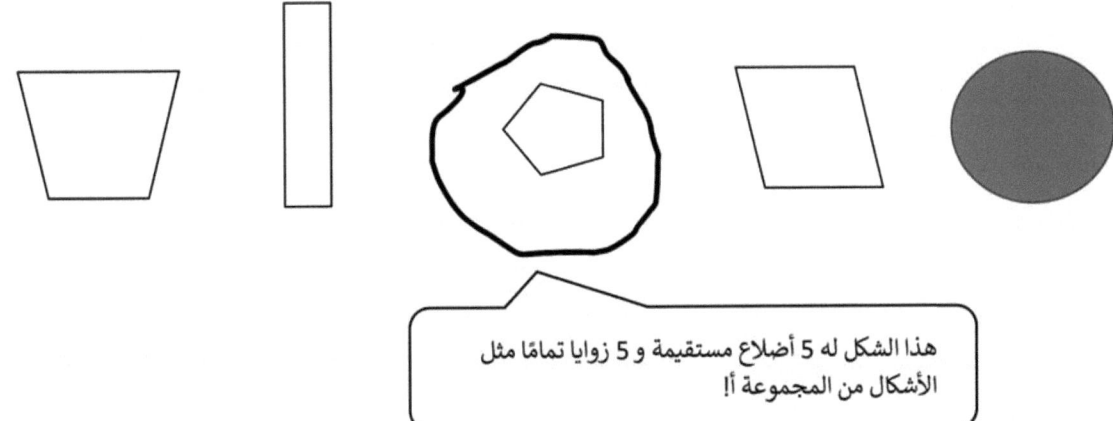

هذا الشكل له 5 أضلاع مستقيمة و 5 زوايا تمامًا مثل الأشكال من المجموعة أ!

ب. ارسم شكلين آخرين مناسبين للمجموعة أ.

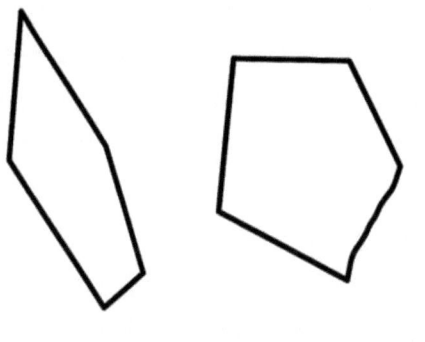

ج. ارسم شكل **واحد** لا يناسب المجموعة أ.

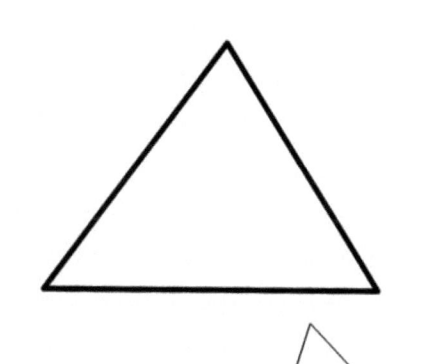

أستطيع رسم أي شكل أريده، طالما ليس له 5 أضلاع و 5 زوايا.

الاسم _____ التاريخ _____

1. ضع دائرة حول الأشكال التي لها 3 اضلع مستقيمة.

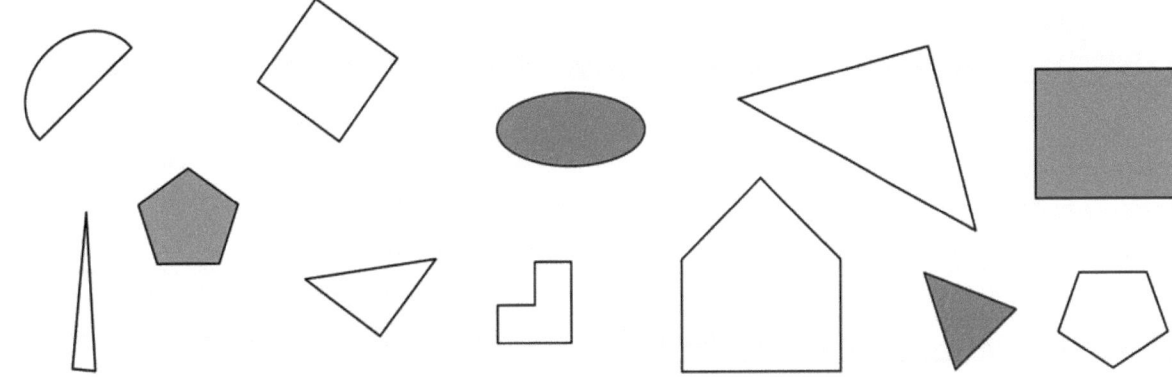

2. ضع دائرة حول الأشكال التي ليس لها زوايا.

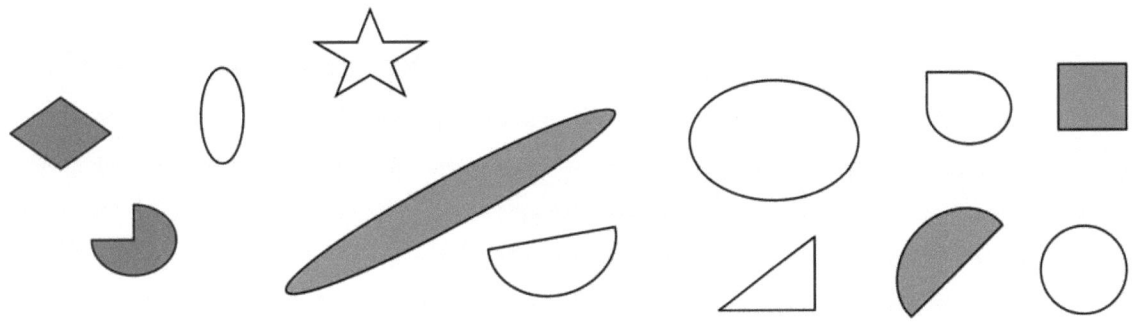

3. ضع دائرة حول الأشكال التي لها فقط زوايا مربعة واحدة.

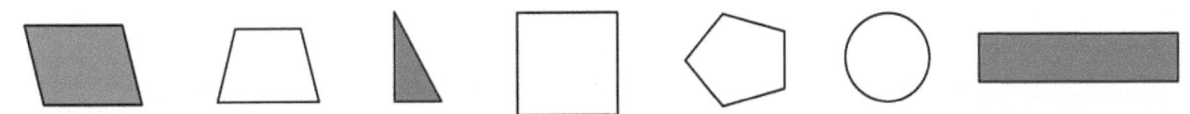

4.
أ. ارسم شكلاً يتألف من 4 أضلاع مستقيمة.

ب. ارسم شكلاً آخر بأربع أضلاع مستقيمة يكون مختلفًا عن 4 (أ) ومن الاشكال أعلاه.

5. ما هي السمات أو الخصائص التي هي نفسها لجميع الأشكال في المجموعة أ؟

المجموعة أ

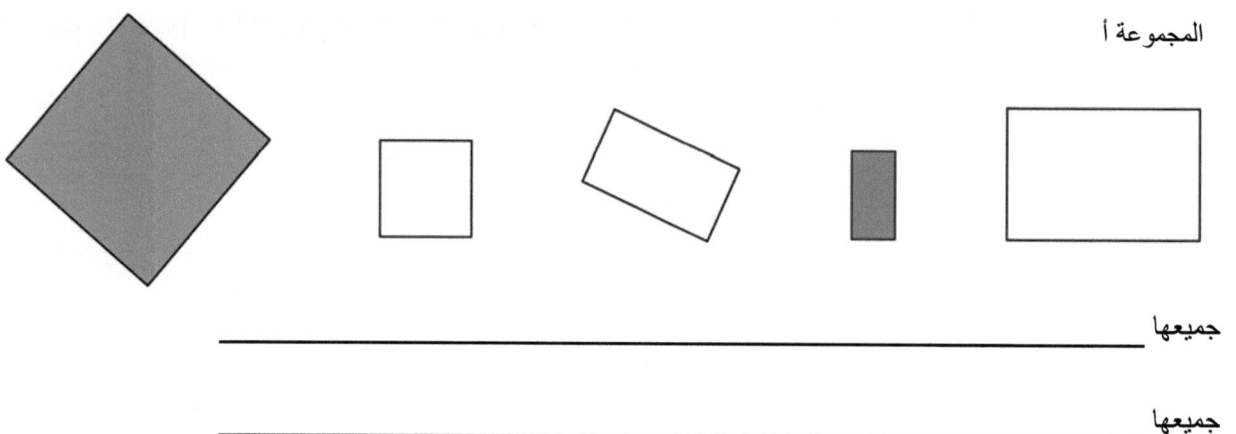

جميعها ____

جميعها ____

6. ضع دائرة حول أفضل شكل ملائم يناسب المجموعة أ.

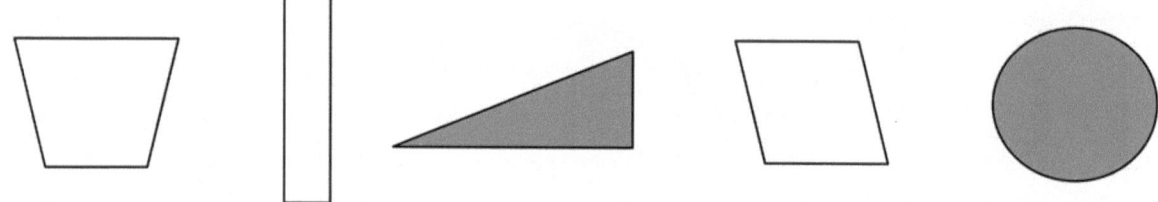

7. ارسم شكلين إضافيين يناسبين المجموعة أ.

8. ارسم شكل واحد لا يناسب المجموعة أ.

1. لوّن الأشكال باستخدام المفاتيح. اكتب عدد الأشكال التي لوّنتها في كل خط.

مفتاح

الأحمر- 4 أضلاع مستقيمة: __8__

الأخضر - 3 أضلاع مستقيمة: __8__

الأزرق - 6 أضلاع مستقيمة: __2__

الأصفر- 0 أضلاع مستقيمة: __3__

أعد كل ضلع لأعرف أي لون أستخدمه. أعرف أن الأصفر سيكون دائرة لأن الأشكال الدائرية ليس لها أضلاع مستقيمة!

رقبة القطة وجسمها يبدوان كأشكال مربعة. المربعات هي معينات أيضا! ذيل القطة أيضًا هو عبارة عن معين. وهذا يجعل لدينا 3 معينات.

المثلث به __3__ أضلاع مستقيمة و __3__ زوايا.

لونت __8__ مثلثات.

السداسي له __6__ أضلاع و __6__ زوايا.

لونت شكلين سداسيين.

الدائرة بها __0__ أضلاع مستقيمة و __0__ زوايا.

لونت __3__ دوائر.

المعين له __4__ أضلاع مستقيمة متساوية الطول و __4__ زوايا.

لونت __3__ معينات.

الدرس 2: أوجد الأشكال ثنائية الأبعاد وعنونها بما في ذلك شبه المنحرف والمُعين والمربع كمستطيل خاص، بناءً على تحديد سمات الجوانب والزوايا.

2. المثلث عبارة عن شكل مغلق بثلاث أضلاع مستقيمة و3 زوايا.

أ. اشطب الشكل غير المثلث.

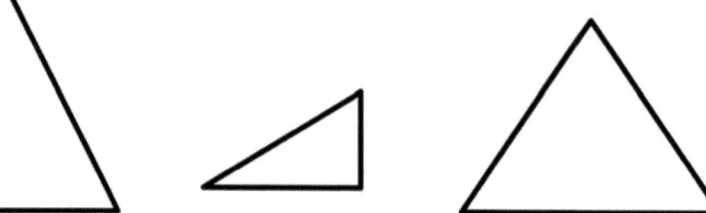

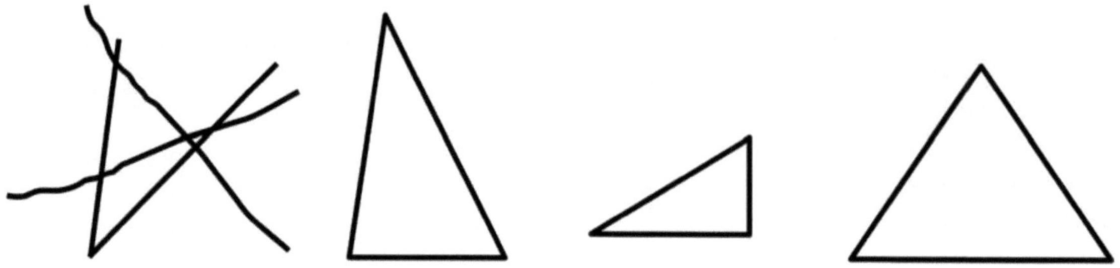

ب. اشرح طريقة تفكيرك: <u>الشكل الذي شطبته غير المثلث لأنه يفتقد كونه شكلاً مفتوحًا ولا يحتوي على 3 أضلاع.</u>

الاسم _____ التاريخ _____

1. لوّن الأشكال باستخدام المفاتيح. اكتب عدد الأشكال التي لوّنتها في كل خط.

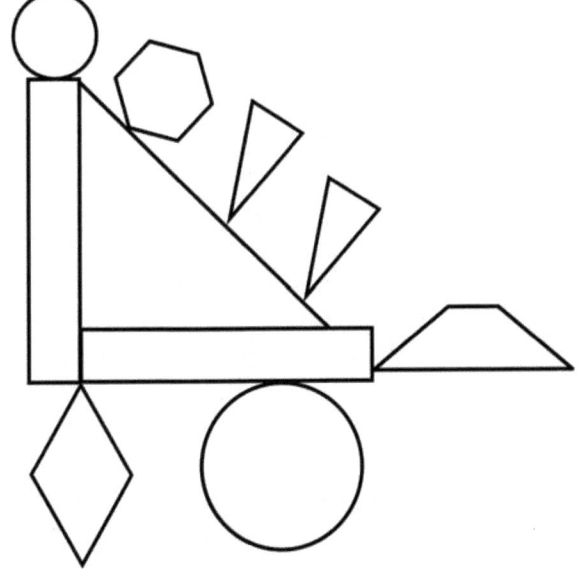

المفتاح
اللون الأحمر 3 أضلاع مستقيمة: _____
اللون الأزرق 4 أضلاع مستقيمة: _____
اللون الأخضر 6 أضلاع مستقيمة: _____
اللون الأصفر 0 أضلاع مستقيمة: _____

2.
   أ. المثلث له _____ أضلاع مستقيمة و _____ زوايا.

   ب. لوّنت _____ مثلثات.

3.
   أ. السداسي له _____ جوانب مستقيمة و _____ زوايا.

   ب. لوّنت _____ شكل سداسي.

4.
   أ. الدائرة لها _____ جوانب مستقيمة و _____ زوايا.

   ب. لوّنت _____ دوائر.

5.
   أ. يتألف **المعين** من ____ جوانب مستقيمة متساوية الطول و ____ الزوايا.

   ب. لوّنت ____ أشكال معين.

6. المستطيل عبارة عن شكل **مغلق** بأربع اضلع مستقيمة و 3 زوايا.

   أ. اشطب الشكل غير المستطيل.

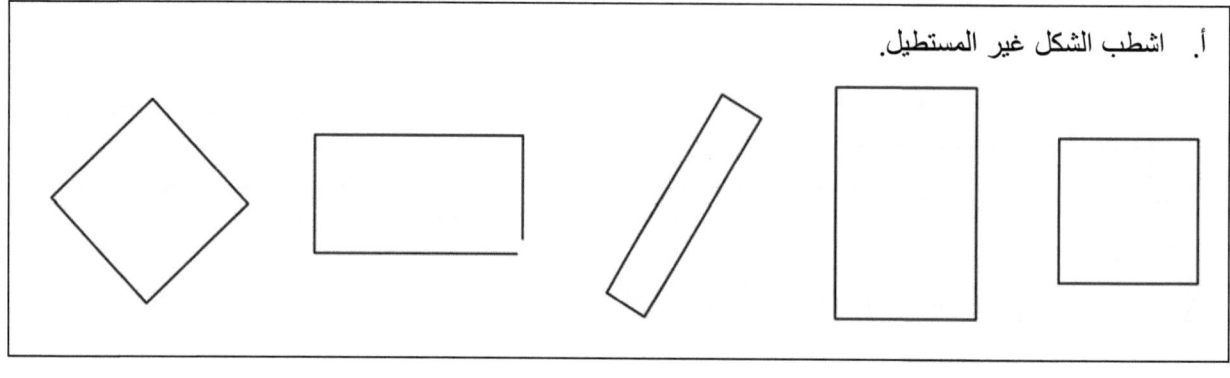

   ب. فسر طريقة تفكيرك: _____
   _____

7. المعين هو شكل **مغلق** مع 4 اضلع مستقيمة من نفس الطول.

   أ. اشطب الشكل غير المعين.

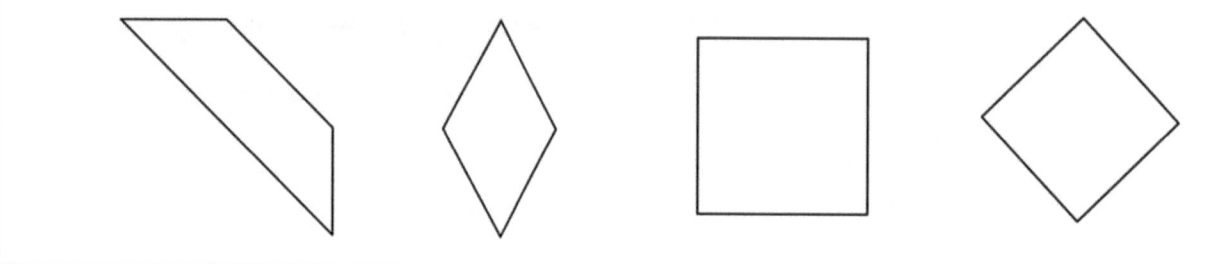

   ب. فسر طريقة تفكيرك: _____
   _____

1. اذهب في مطاردة لأشكال ثلاثية الأبعاد. ابحث عن الاشياء التي تناسبها في الرسم البياني أدناه.

مكعب	متوازي المستطيلات	أسطوانة	جسم كروى	مخروط

أعرف أن هذه الهدية عبارة عن مكعب لأن لها 6 أوجه وكل الأوجه عبارة عن مربعات!

خزان السمك عبارة عن مكعب. له 6 أوجه، ولكن ليست جميعها مربعة الشكل. وهكذا عرفت أنه متوازي مستطيلات!

عندي الكثير من الاسطوانات في مطبخي! حيث يوجد الكثير من العلب!

البرتقالة التي أكلتها كوجبة خفيفة هي شكل كروي. إنها دائرية! ليس لها جوانب

المخروط الذي استخدمه في تدريبات كرة القدم مدبب من جهة ويفتح بدائرة في الطرف الآخر.

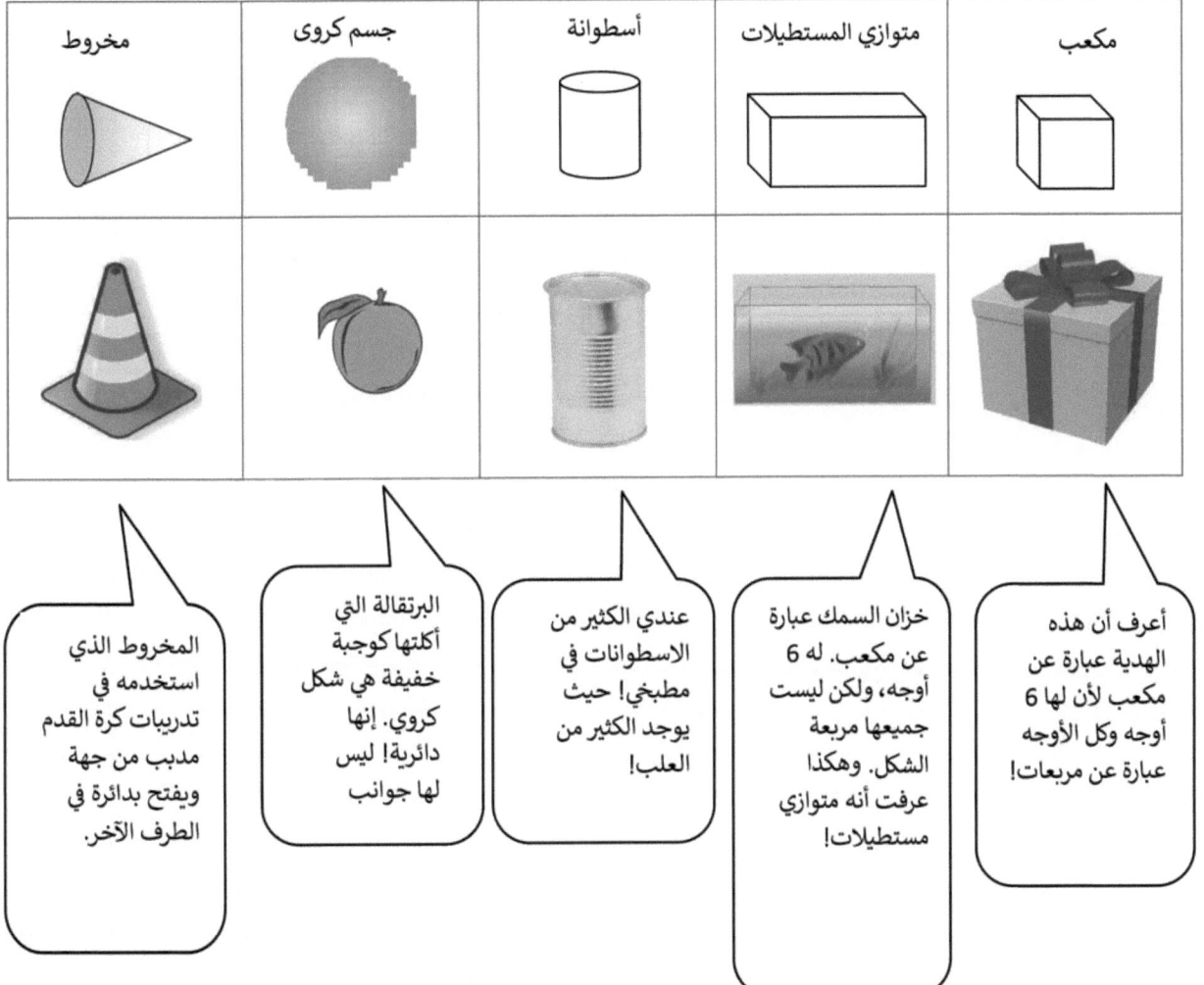

الاسم ____________________ التاريخ ______________

1. اذهب في مطاردة لأشكال ثلاثية الأبعاد. ابحث عن اشياء في المنزل مناسبة للمخطط أدناه. حاول العثور على أربعة اشياء على الأقل لكل شكل.

مكعب 	مبشور مستطيل 	أسطوانة 	جسم كروى 	مخروط

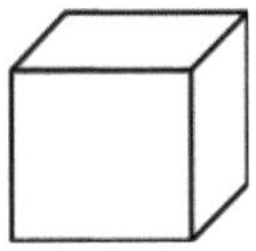

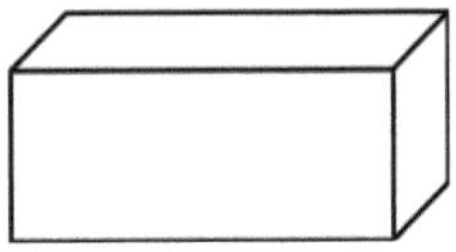

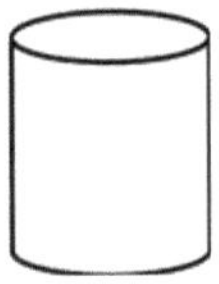

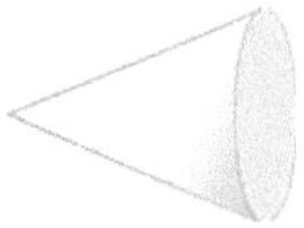

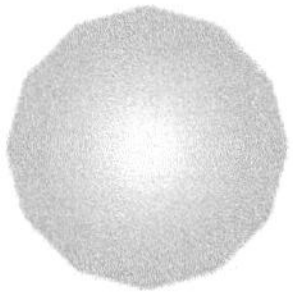

2. اختر شياءً واحدًا من كل عمود.
فسر كيف تعرف أن هذا الشيئ ينتمي إلى هذا العمود. استخدم بنك الكلمات إذا تطلب الأمر.

بنك الكلمات

أوجه	دائرة	مربع	دحرج	ست
أضلاع	مستطيل	نقطة	مسطح	

أ. وضعت ________________ في العمود المكعب لأنه

____.

ب. وضعت ________________ في العمود الاسطواني لأن

____.

ج. وضعت ________________ في العمود الكروي لأن

____.

د. وضعت ________________ في العمود المخروطي لأن

____.

هـ. وضعت ________________ في عمود المناشير المستطيلة

لأن ____.

1. اقطع أشكال مكعبات الأنماط من أسفل الصفحة. لوّنهم لمطابقة المفتاح، المختلف عن ألوان مكعبات الأنماط في الفصل. تتبع أو ارسم لعرض ماذا قمت به.

| شبه منحرف - بني | معين - وردي | مثلث - برتقالي | سداسي - أرجواني |

| استخدم الأشكال 1 شبه منحرف و1 معين و1 مثلث لعمل 1 سداسي. | استخدم 3 معينات لعمل شكل سداسي. |

يمكنني عمل شكل أكبر، أو شكل مركب، عبر وضع أشكال أصغر معًا!

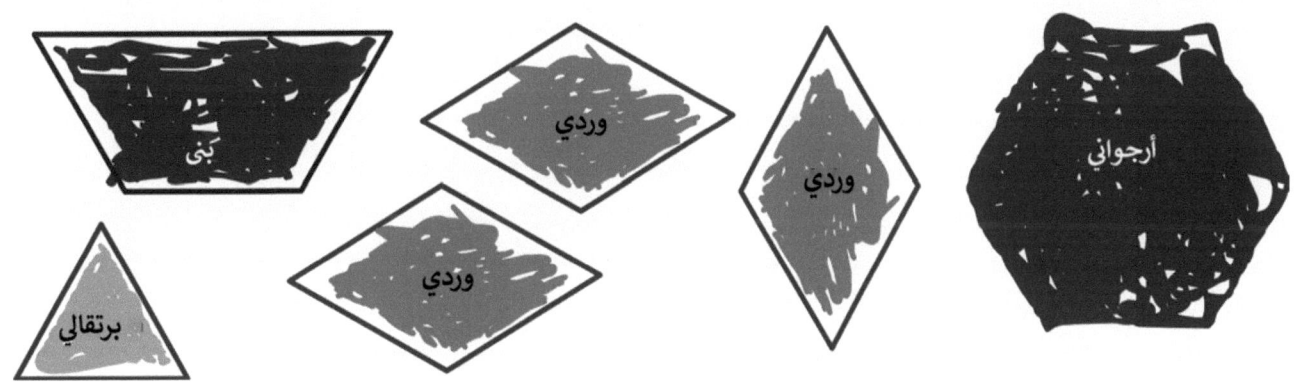

2. كم عدد المكعبات الصغيرة التي رأيتها في هذا المربع؟

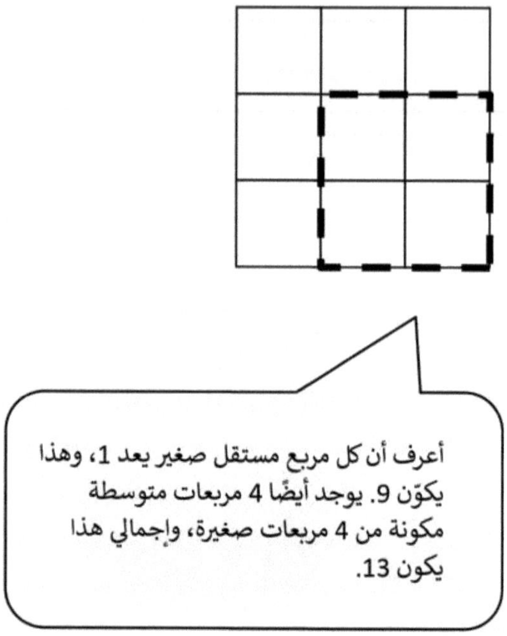

يمكنني إيجاد __13__ مربعات في هذا المربع الكبير.

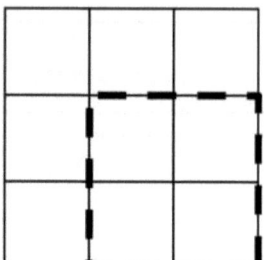

أعرف أن كل مربع مستقل صغير يعد 1، وهذا يكوّن 9. يوجد أيضًا 4 مربعات متوسطة مكونة من 4 مربعات صغيرة، وإجمالي هذا يكون 13.

الاسم ______________________ التاريخ ______________

اقطع أشكال مكعبات الأنماط من أسفل الصفحة. لوّنهم لمطابقة المفتاح، المختلف عن ألوان مكعبات الأنماط في الفصل.
تتبع أو ارسم لعرض ماذا قمت به.

سداسي - أحمر	مثلث - أزرق	معين - أصفر	شبه منحرف - أخضر

1. استخدم 3 مثلثات لعمل 1 شبه منحرف.	2. استخدم 3 مثلثات لعمل شكل شبه منحرف، ثم أضف شكل شبه منحرف لعمل 1 شكل سداسي.

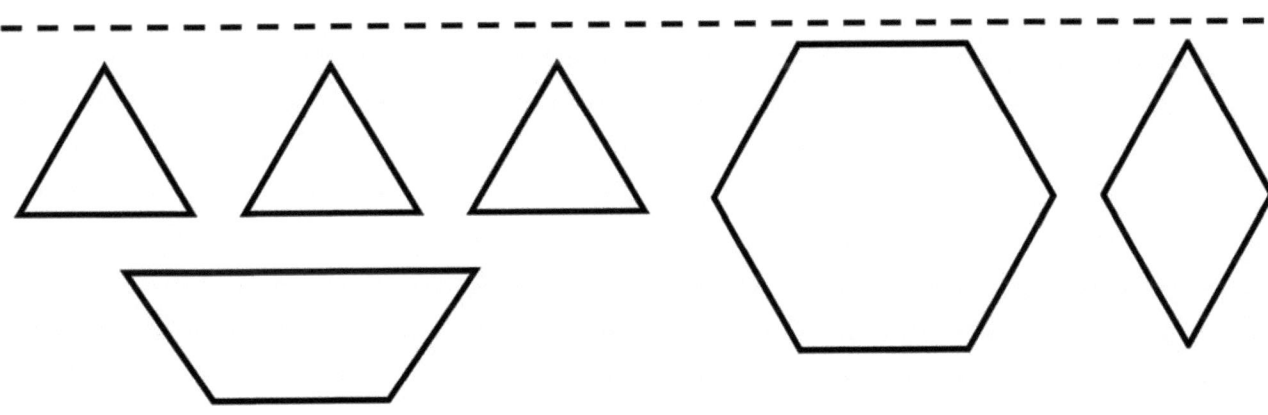

الدرس 4: قم بإنشاء أشكال مركبة من أشكال ثنائية الأبعاد.

EUREKA MATH

3. كم عدد المربعات الصغيرة التي رأيتها في هذا المربع؟

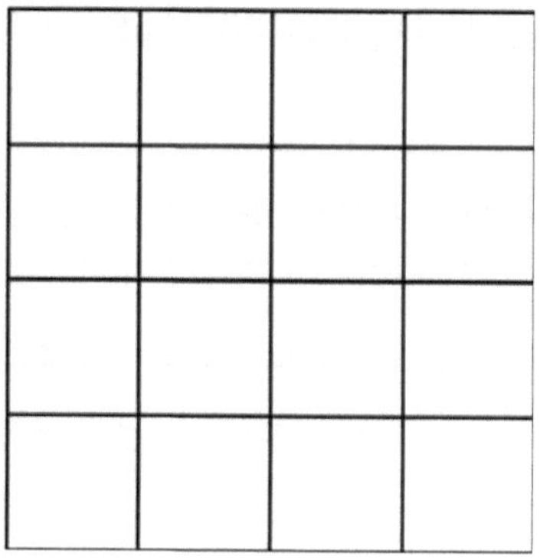

يمكنني إيجاد _____ مربعات بهذا المستطيل.

استخدم قطع التانغرام (الأحجية) لإكمال المسائل أدناه.

ارسم أو تتبع لعرض الأجزاء التي استخدمتها لتكوين الشكل.

1. استخدم 2 مثلث لتكوين مربع.

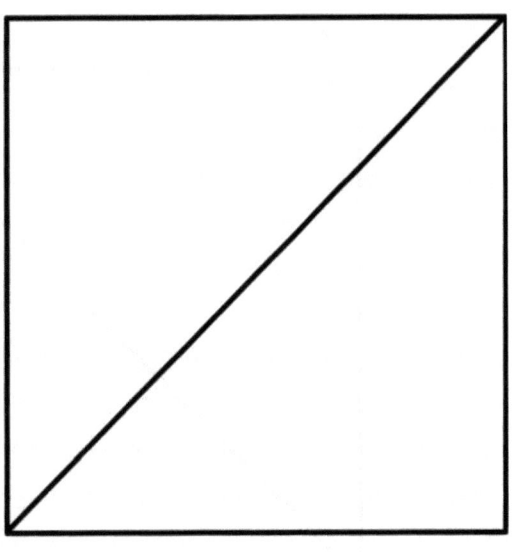

يمكنني عمل مربع من مثلثين تمامًا كما فعلت في الفصل! أعرف أنني إذا طويت مربعًا إلى نصفين بشكل قطري، فسوف يكوّن هذا مثلثين، لذا أضع المثلثين معًا بحيث يتلامس الجانبين الأطول، وهذا يصنع مربعًا!

2. استخدم المربع الذي كوّنته والمثلث لتكوين منزل.

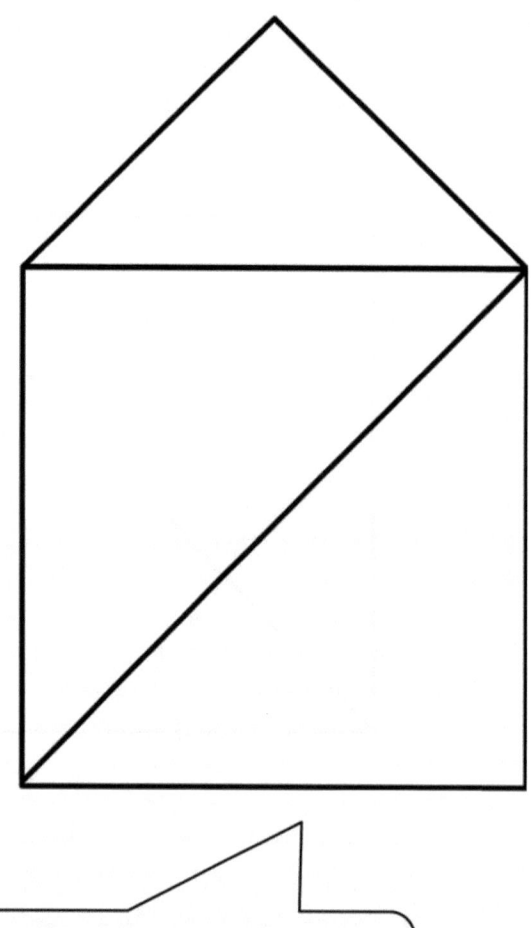

يمكنني الإضافة إلى مربعي لعمل منزل. أنا فقط آخذ المثلث الصغير من قطع التانغرام ووضعها في المقدمة لعمل السقف!

الاسم _____ التاريخ _____

1. اقطع كافة قطع التانغرام (الأحجية) من قطع الورق المنفصلة الموجودة.

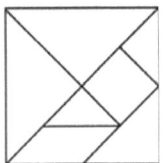

2. أخبر عضو من العائلة عن اسم كل شكل.

3. اتبع التعليمات لتكوين كل شكل أدناه. ارسم أو تتبع لعرض الأجزاء التي استخدمتها لتكوين الشكل.

   أ. استخدم 2 قطعة التانغرام (الأحجية) لتكوين 1 مثلث.

   ب. استخدم 1 مربع و1 مثلث لتكوين شبه منحرف.

   ج. استخدم قطعة أكثر لتغيير شبه المنحرف إلى المستطيل.

4. اصنع شكل حيوان بكل القطع لديك. ارسم أو تتبع لعرض الأشكال التي استخدمتها. ضع عنوانًا لرسمك على اسم الحيوان.

| 5•1 | الدرس 5 النموذج | | قصة الوحدات |

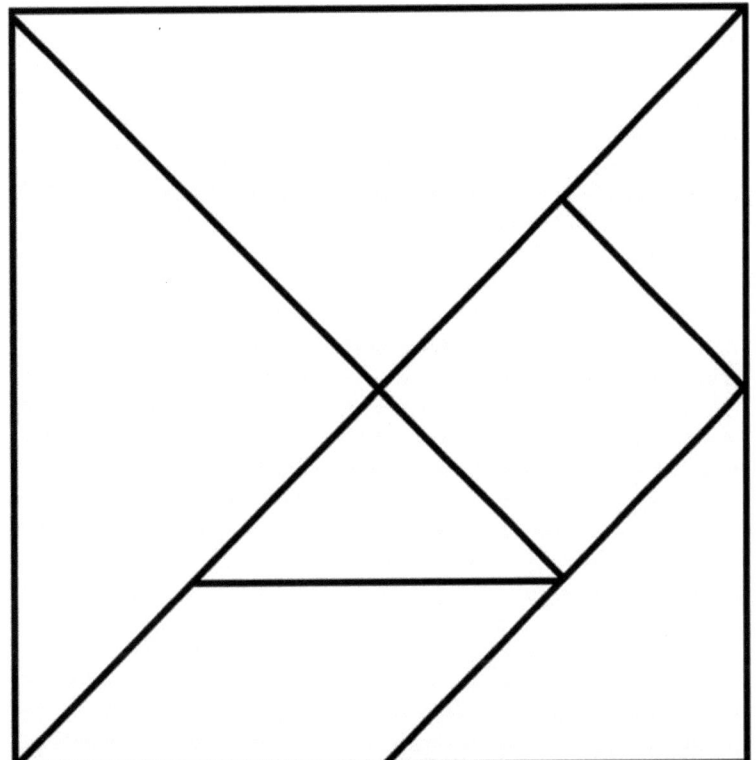

تانغرام

الدرس 5: كوّن شكلاً جديد من تكوين الأشكال.

استخدم الأشكال ثلاثية الأبعاد لتكوين مجسم. اسأل شخص ما ببيتك لأخذ صورة المجسم الخاص بك.

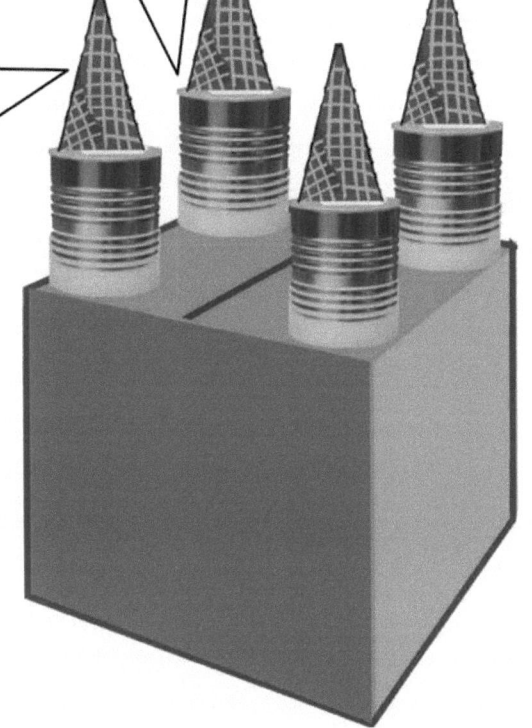

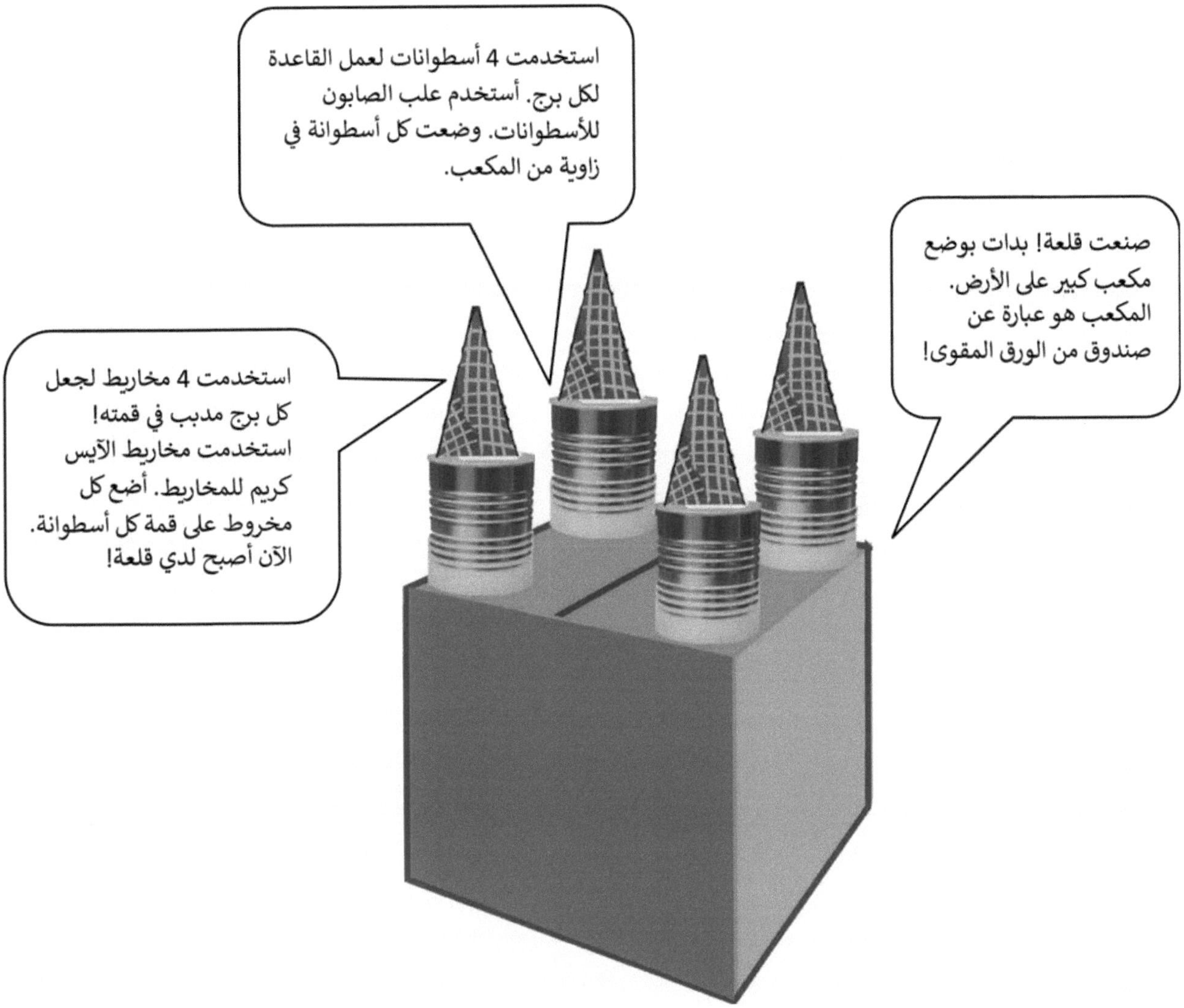

الاسم ______________________ التاريخ ______________

استخدم الأشكال ثلاثية الأبعاد لتكوين مجسم آخر. يمنحك المخطط أدناه بعض الأفكار حول الكائنات التي وجدتها بالبيت. يمكنك استخدام الكائنات الموجودة بالمخطط أو الكائنات الأخرى الموجودة بالبيت.

مكعب	متوازي المستطيلات	أسطوانة	جسم كروى	مخروط
شكل	صندوق الطعام: الحبوب، المعكرونة والجبن، السباغيتي، خليط الكيك، علب العصير	علب للطعام: حساء، خضروات، أسماك التونة، زبدة الفول السوداني	الكرات: كرة التنس، كرة المطاط، كرة السلة، كرة القدم	مخروط الآيس كريم
النرد	علب المحارم (المناديل)	ورق التواليت أو لفة مناديل ورقية	الفاكهة: البرتقال، الجريب فروت، البطيخ، البرقوق، خوخ ناعم	حفلة قبعات
	غلاف الكتاب	عصا الغراء	حبات البلي	قمع
	دي في دي أو صندوق لعبة فيديو			

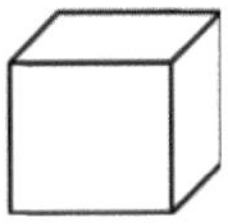

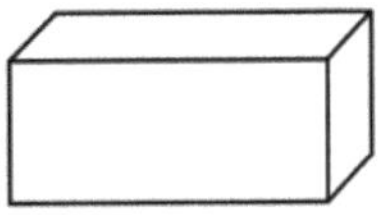

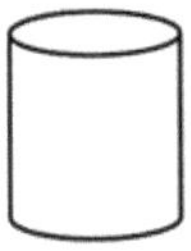

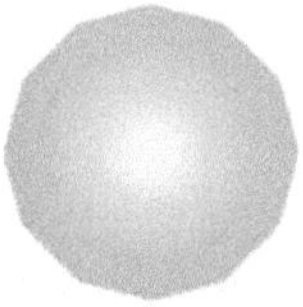

اسأل شخص ما ببيتك لأخذ صورة المجسم الخاص بك. إذا كنت غير قادر على التقاط صورة، فحاول رسم الهيكل الخاص بك أو كتابة التوجيهات حول كيفية بناء الهيكل الخاص بك على الجزء الخلفي من الورقة.

الدرس 6: قم بإنشاء شكل مركب من أشكال ثلاثية الأبعاد ووصف الشكل المركب باستخدام أسماء الأشكال والمواضع. 149

EUREKA MATH

1. هل تنقسم الأشكال إلى أجزاء متساوية؟ اكتب **نعم** أو **لا**. إذا كان الشكل يحتوي على أجزاء متساوية، فاكتب عدد الأجزاء المتساوية على الخط.

أ.	ب.	ج.
Y ____ 2 ____	N ____ ____	Y ____ 4 ____
د.	هـ.	و.
Y ____ 2 ____	N ____ ____	Y ____ 4 ____

أعرف أن هناك أجزاء متساوية عندما يكون كل جزء متماثل تمامًا. إذا كانت كل الأجزاء متماثلة، أقوم بالعد فقط!

2. ارسم خطًا واحدًا لجعل جزأين متساويين. ما الأشكال الأصغر التي عملتها؟

أستطيع عمل جزأين متساوين بطرق مختلفة. أستطيع عمل مستطيلين أو مثلثين.

عملت ____ *مستطيلين.* ____.

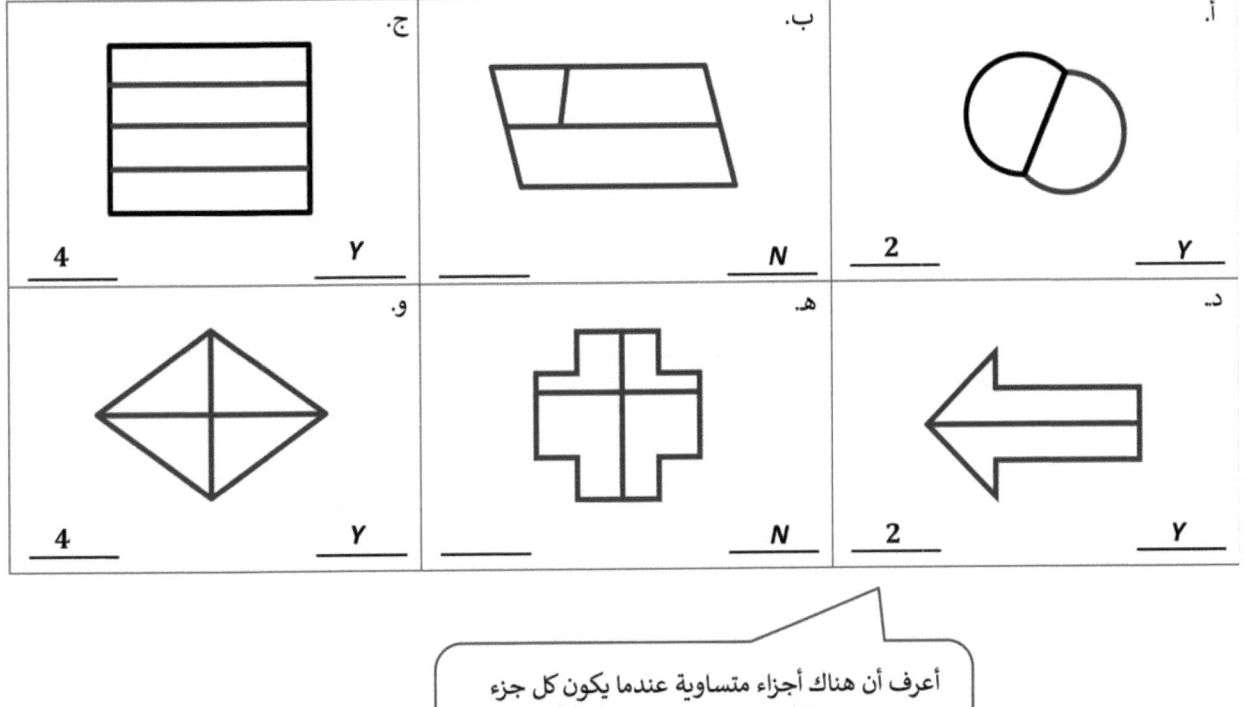

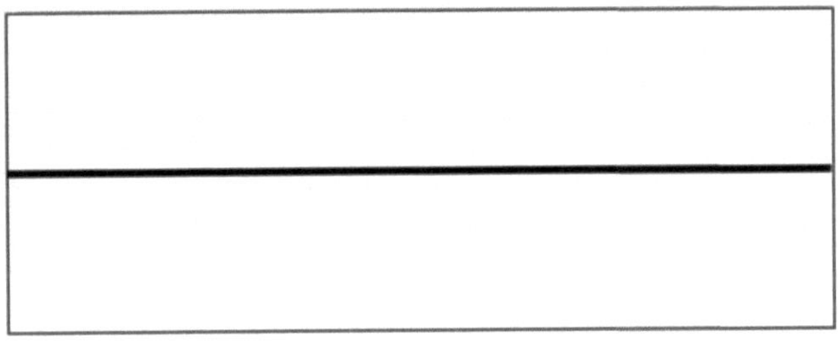

3. ارسم خطين لعمل 4 أجزاء متساوية. ما الأشكال الأصغر التي عملتها؟

عملت 4 __تاعبرم__.

أستطيع عمل 4 أجزاء متساوية عبر رسم خطين. وبالتالي لدي 4 مربعات صغيرة متساوية جميعًا!

4. ارسم خطوطًا لعمل 6 أجزاء متساوية. ما الأشكال الأصغر التي عملتها؟

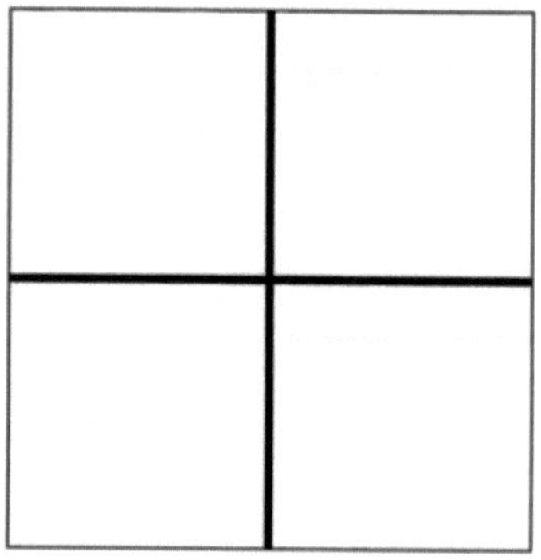

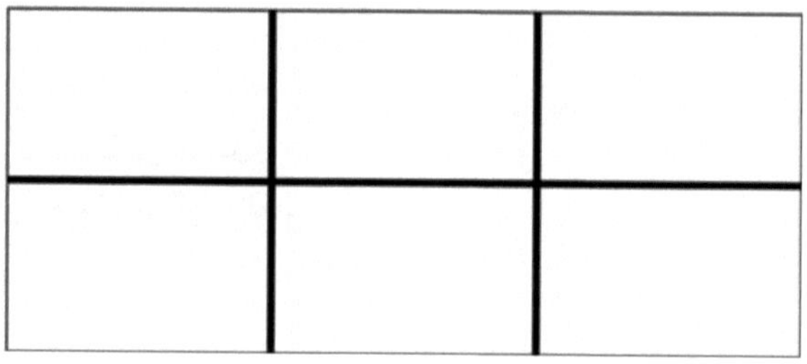

لقد عملت 6 __مستطيلات__.

152 الدرس 7: سمّي الأشكال واحسبها كأجزاء من الكل، مع التعرف على الأحجام النسبية للأجزاء.

Copyright © Great Minds PBC

الاسم ______________________ التاريخ ______________

1. هل تنقسم الأشكال إلى أجزاء متساوية؟ اكتب **نعم** أو **لا**. إذا كان الشكل يحتوي على أجزاء متساوية، فاكتب عدد الأجزاء المتساوية على الخط. تمت حل الجزء الأول لك.

أ. Y ____ 2 ____	ب. ____ ____	ج. ____ ____
د. ____ ____	هـ. ____ ____	و. ____ ____
ز. ____ ____	ح. ____ ____	i. ____ ____
ي. ____ ____	ك. ____ ____	ل. ____ ____
م. ____ ____	ن. ____ ____	ص. ____ ____

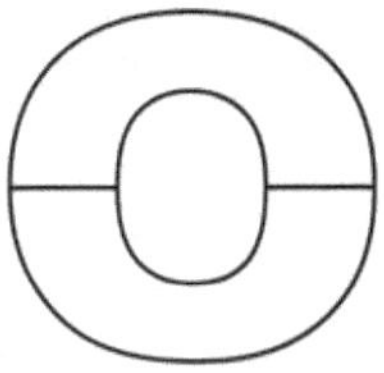

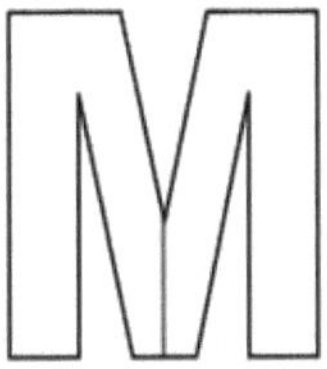

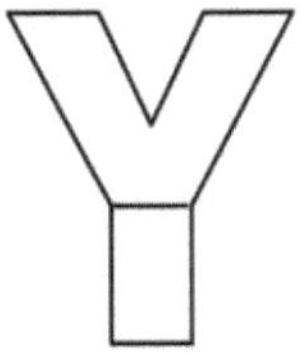

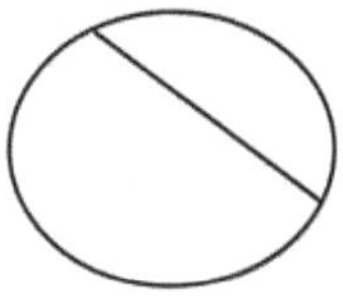

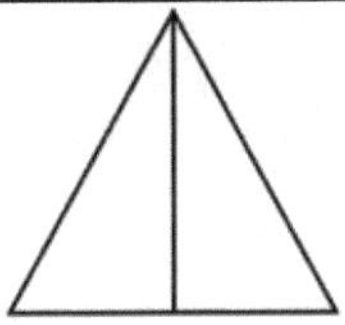

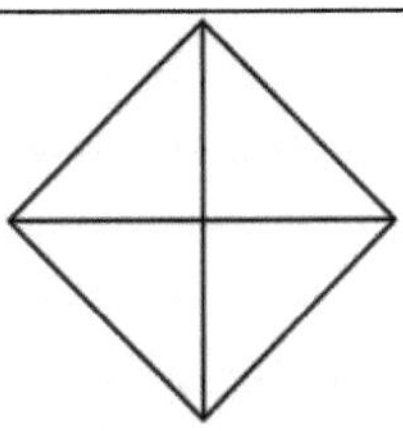

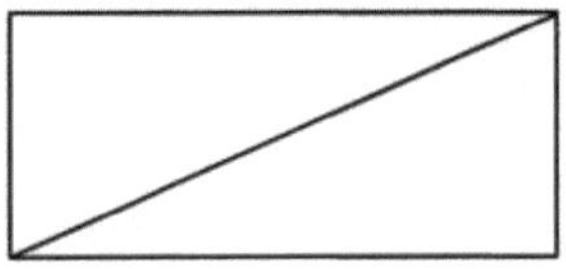

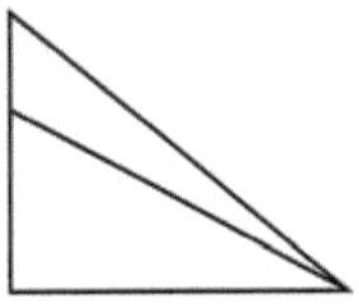

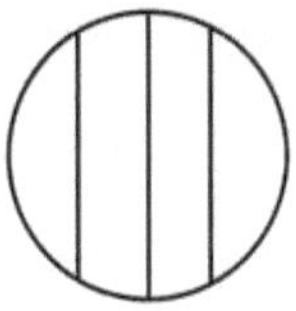

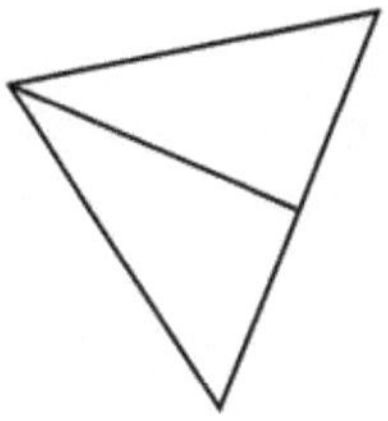

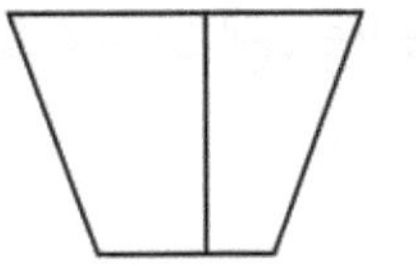

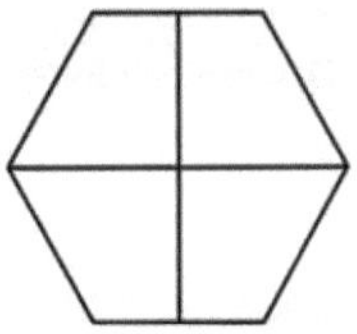

2. ارسم خطًا واحدًا لجعل جزأين متساويين. ما الأشكال الأصغر التي عملتها؟

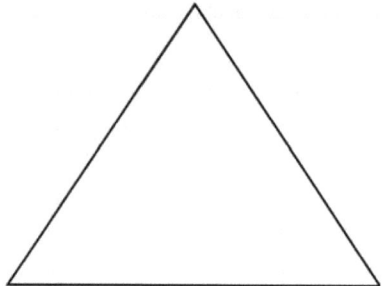

عملت 2 _____.

3. ارسم خطين لعمل 4 أجزاء متساوية. ما الأشكال الأصغر التي عملتها؟

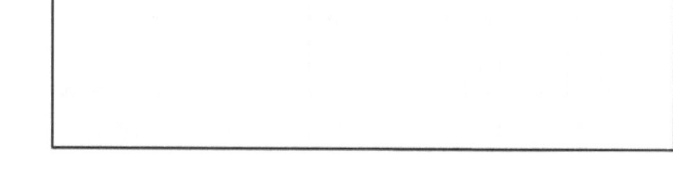

عملت 4 _____.

4. ارسم خطوطًا لعمل 6 أجزاء متساوية. ما الأشكال الأصغر التي عملتها؟

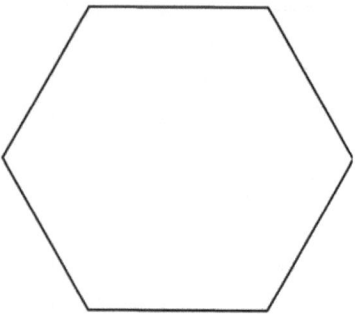

عملت 6 _____.

1. ضع دائرة حول الكلمة (الكلمات) الصحيحة لمعرفة كيفية تقسيم كل شكل.

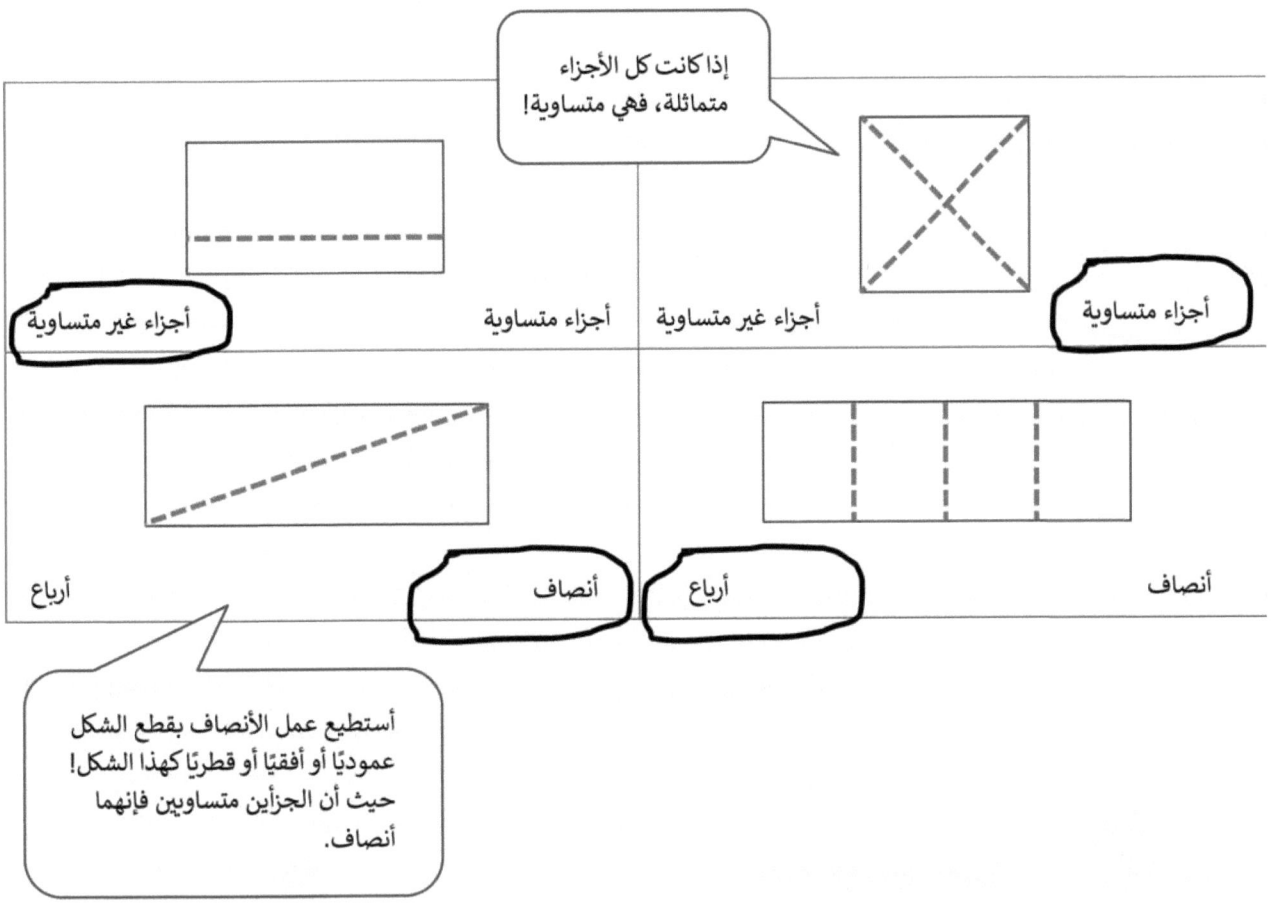

2. أي جزء من الشكل مظلل؟ ضع دائرة حول الإجابة الصحيحة.

أ.

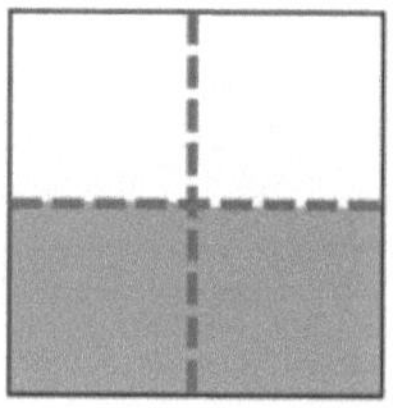

1 نصف ⟵ (مُحاط بدائرة)
1 ربع

رغم أن هذا الشكل به 4 أجزاء متساوية، 2 منها مظللة. أستطيع أن أرى أن نصف الشكل مظلل.

ب.

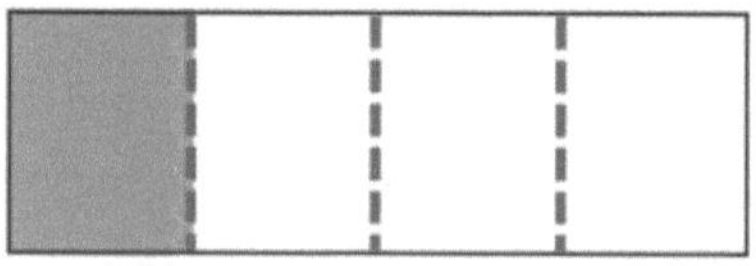

1 نصف
1 ربع ⟵ (مُحاط بدائرة)

3. لوّن ربع كل شكل.

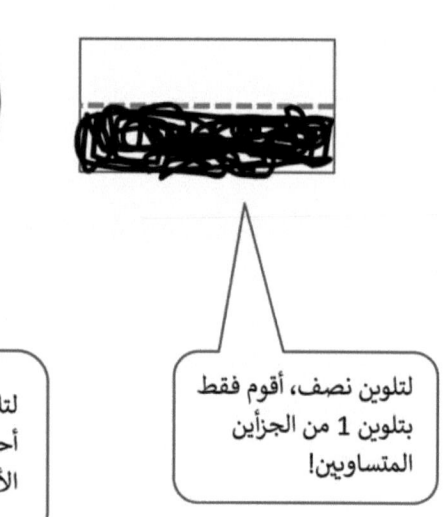

لتلوين ربع، أقوم فقط بتلوين 1 من ال 4 أجزاء المتساوية!

4. لوّن نصف كل شكل.

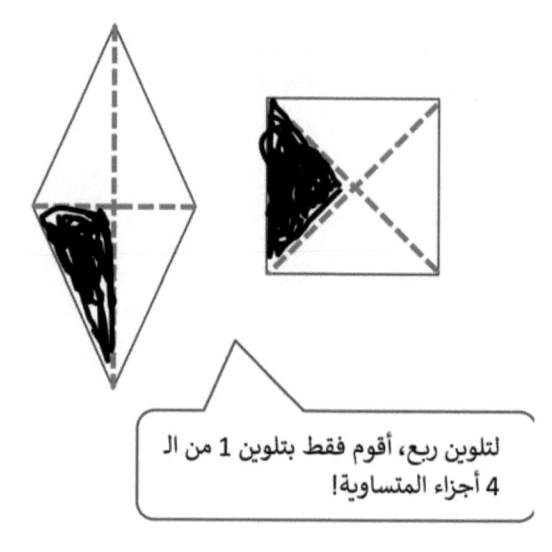

لتلوين نصف، أقوم فقط بتلوين 1 من الجزأين المتساويين!

لتلوين نصف هذا الشكل أحتاج إلى تلوين 2 من الأجزاء ال 4 المتساوية.

الاسم _____ التاريخ _____

1. ضع دائرة حول الكلمة (الكلمات) الصحيحة لمعرفة كيفية تقسيم كل شكل.

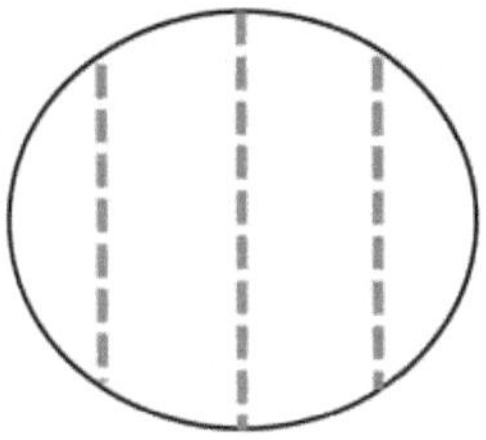

ب.	أ.
أجزاء متساوية أجزاء غير متساوية	أجزاء متساوية أجزاء غير متساوية
د.	ج.
أنصاف أرباع	أنصاف أرباع
و.	هـ.
أرباع أنصاف	أنصاف أرباع
ح.	ز.
أنصاف أرباع	أرباع أنصاف

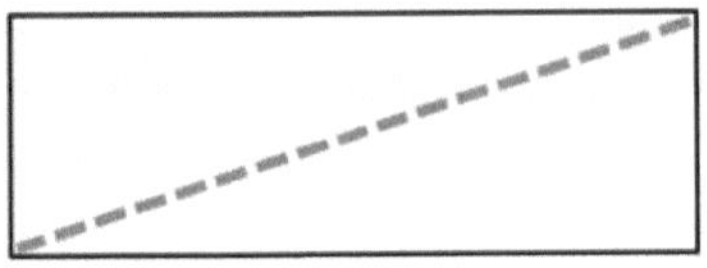

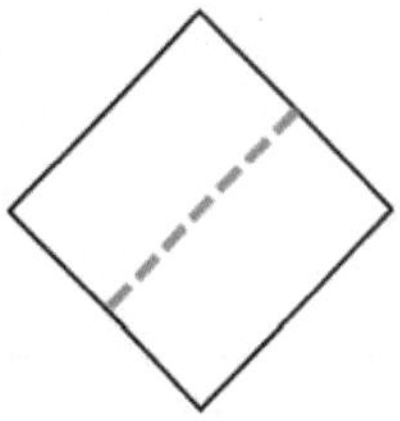

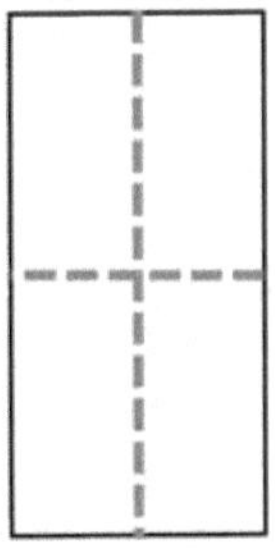

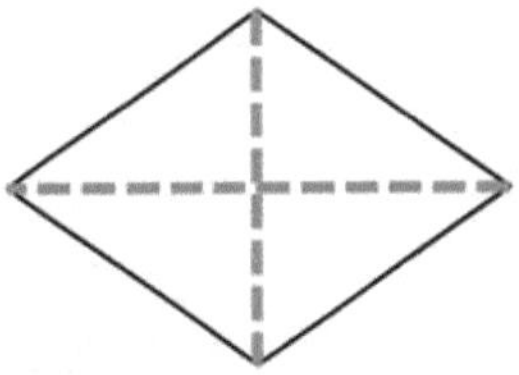

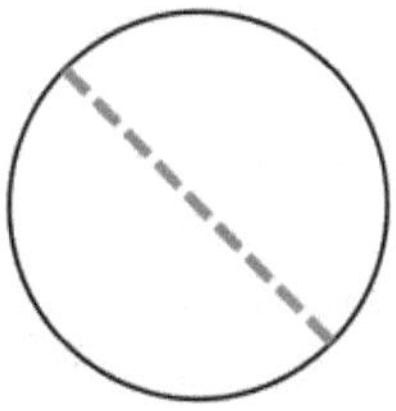

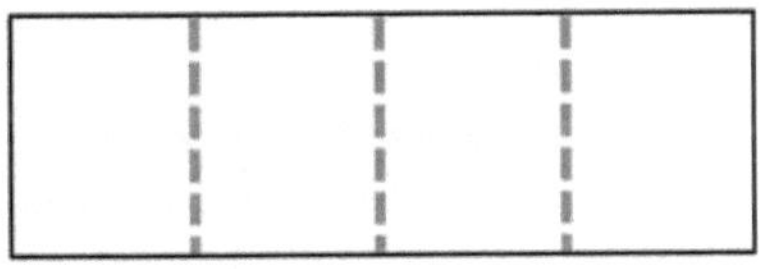

2. أي جزء من الشكل مظلل؟ ضع دائرة حول الإجابة الصحيحة.

أ.
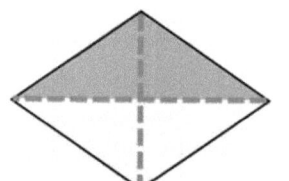
1 نصف   1 ربع

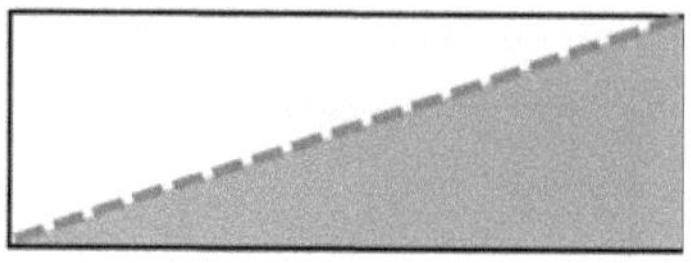

ب.
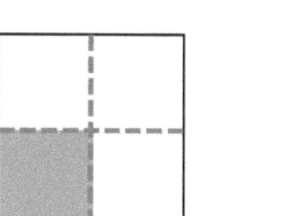
1 نصف   1 ربع

ج.
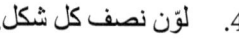
1 نصف   1 ربع

د.
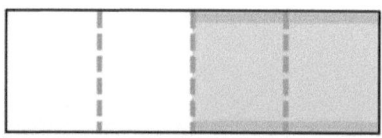
1 نصف   1 ربع

3. لوّن ربع كل شكل.

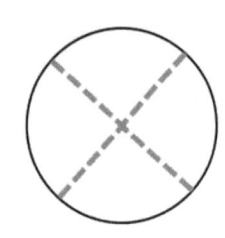

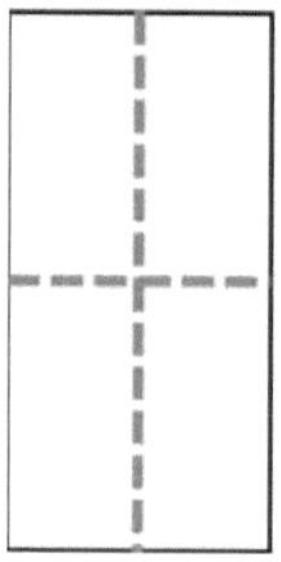

4. لوّن نصف كل شكل.

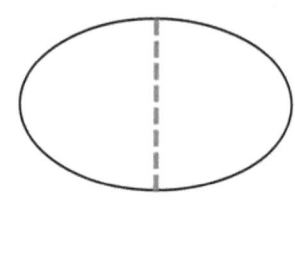
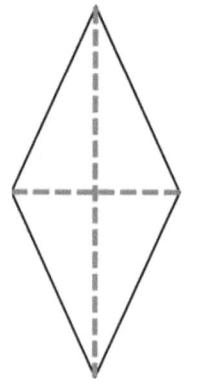

1. قم بتسمية الجزء المظلل من كل صورة بنصف الشكل أو ربع الشكل.

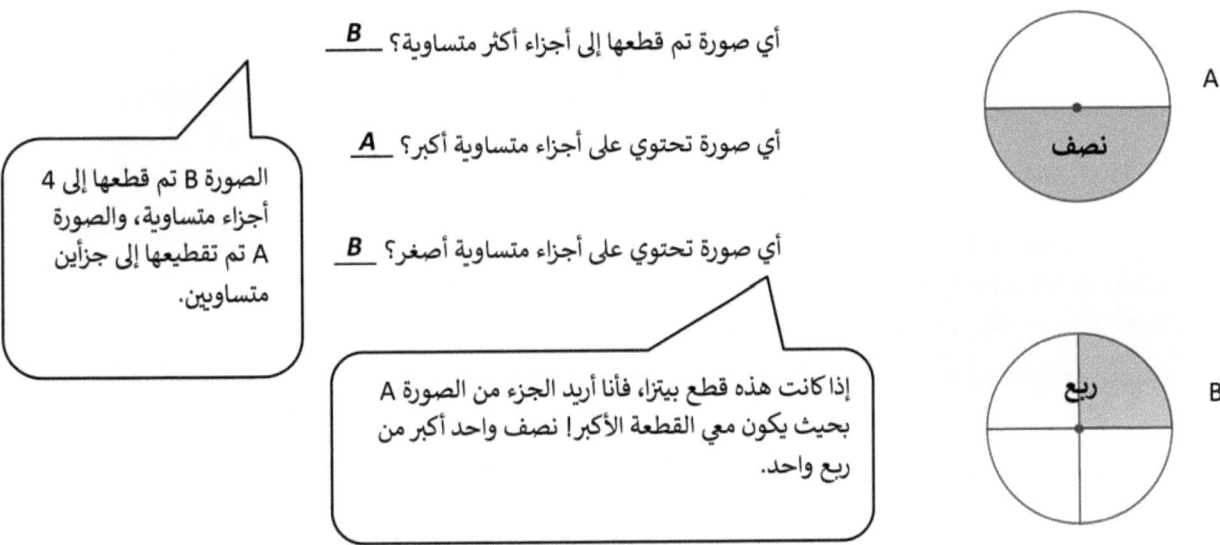

A

نصف

B

أي صورة تم قطعها إلى أجزاء أكثر متساوية؟ ___B___

أي صورة تحتوي على أجزاء متساوية أكبر؟ ___A___

أي صورة تحتوي على أجزاء متساوية أصغر؟ ___B___

الصورة B تم قطعها إلى 4 أجزاء متساوية، والصورة A تم تقطيعها إلى جزأين متساويين.

إذا كانت هذه قطع بيتزا، فأنا أريد الجزء من الصورة A بحيث يكون معي القطعة الأكبر! نصف واحد أكبر من ربع واحد.

2. اكتب ما إذا كان الجزء المظلل من كل شكل نصف أو ربع.

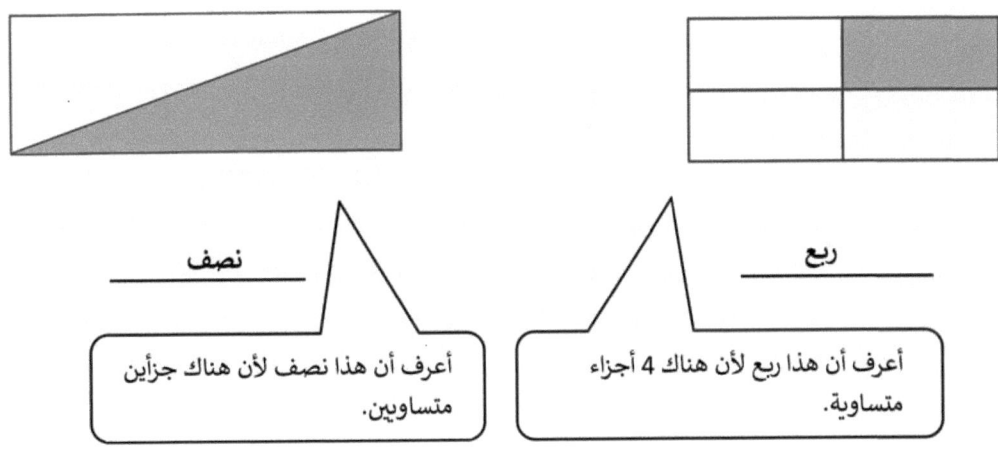

___ربع___

أعرف أن هذا ربع لأن هناك 4 أجزاء متساوية.

___نصف___

أعرف أن هذا نصف لأن هناك جزأين متساويين.

3. لوّن جزء من الشكل ليتناسب مع الملصق الخاص به. ضع دائرة حول العبارة التي تجعل العبارة صحيحة.

الربع أصغر من النصف. إذا قطعت شكلاً إلى أرباع، فأنت تقطعه إلى 4 أجزاء متساوية. إذا قطعت شكلاً إلى نصفين، فأنت تقطعه إلى جزأين متساويين. كلما زاد عدد الأجزاء المتساوية، كلما قل حجم الأجزاء.

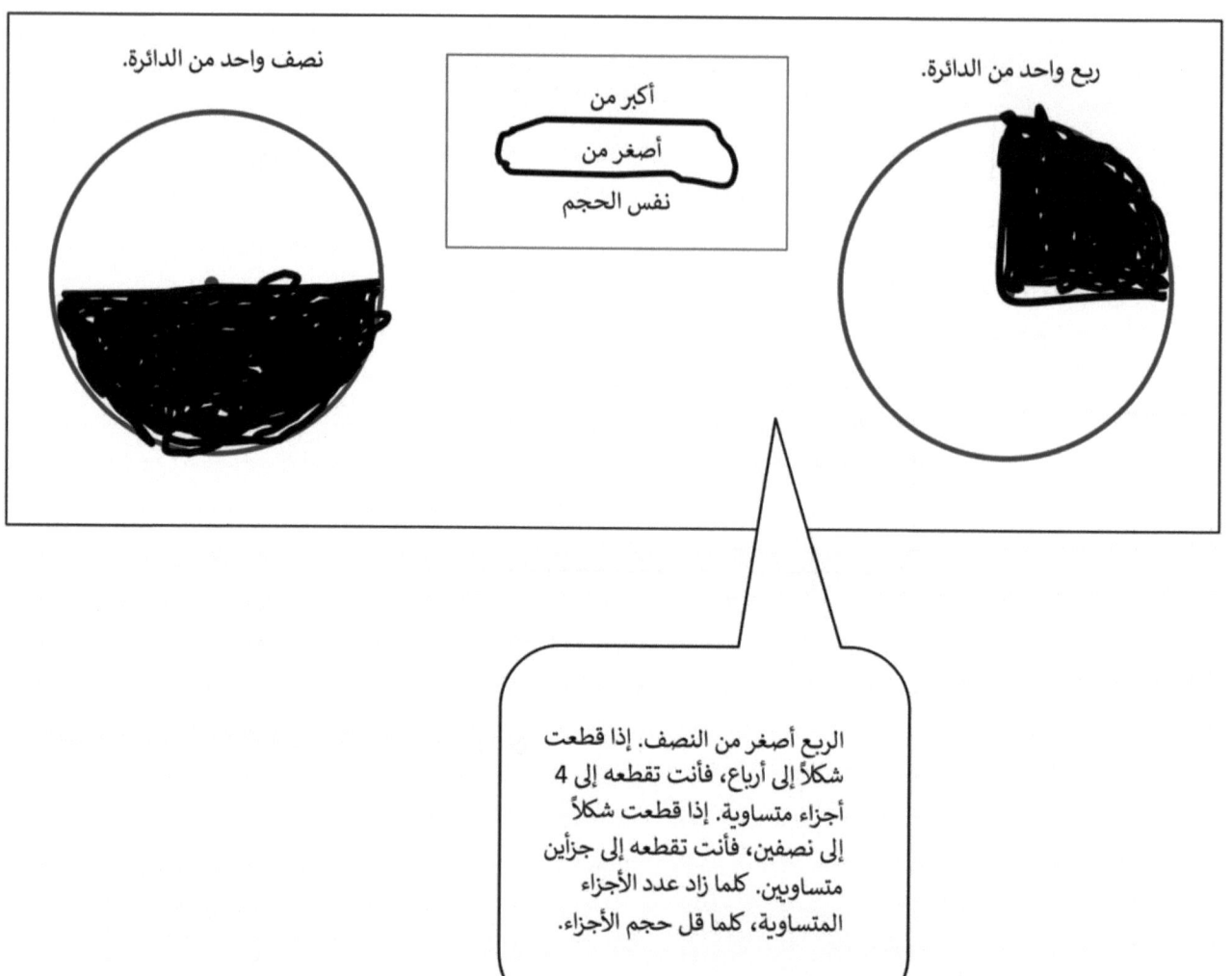

الدرس 9 الواجب المنزلي

الاسم _____ التاريخ _____

1. قم بتسمية الجزء المظلل من كل صورة بنصف الشكل أو ربع الشكل.

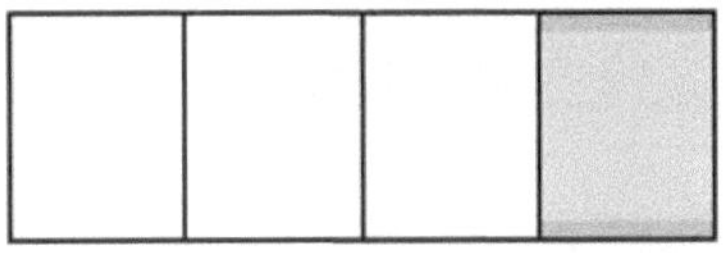

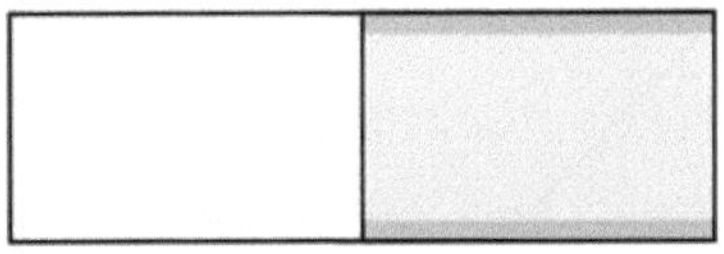

   أي صورة تم قطعها إلى أجزاء أكثر متساوية؟ _____

   أي صورة تحتوي على أجزاء متساوية أكبر؟ _____

   أي صورة تحتوي على أجزاء متساوية أصغر؟ _____

   A

   B

2. اكتب ما إذا كان الجزء المظلل من كل شكل نصف أو ربع.

   أ.

   ب.

   ج.

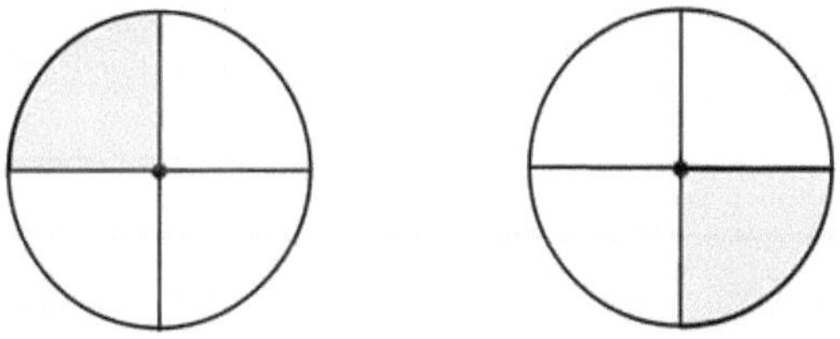

   د.

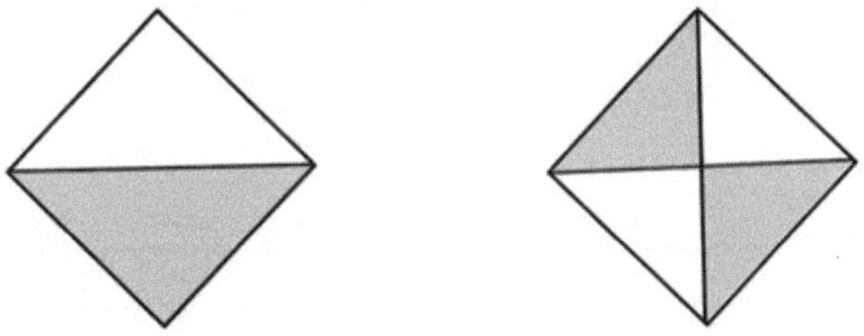

3. لوّن جزء من الشكل ليتناسب مع الملصق الخاص به. ضع دائرة حول العبارة التي تجعل العبارة صحيحة.

أ.

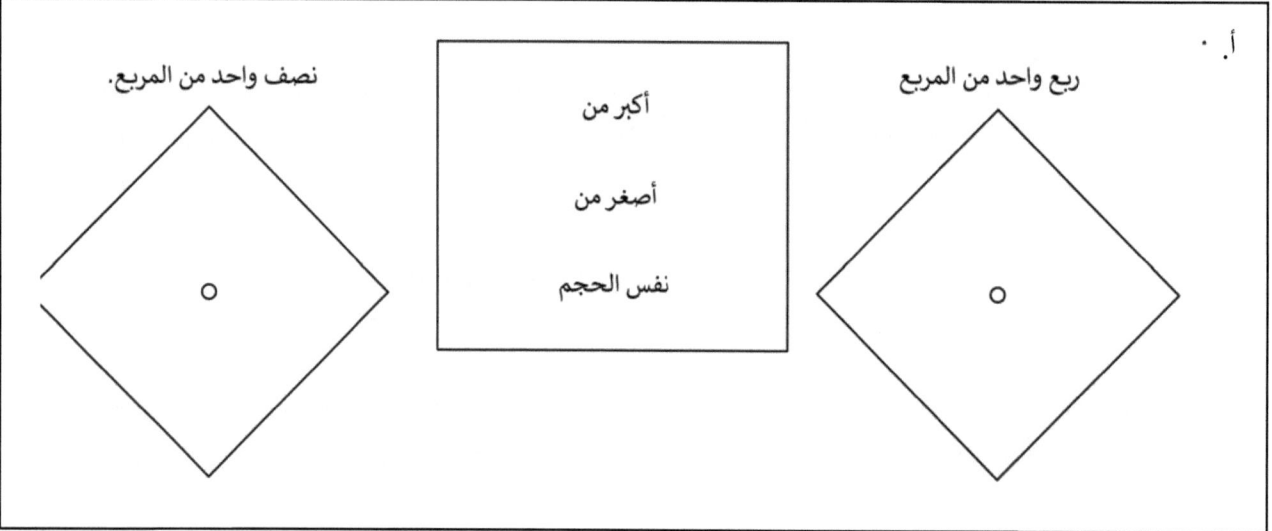

ربع واحد من المربع

أكبر من

أصغر من

نفس الحجم

نصف واحد من المربع.

ب.

ربع واحد من المستطيل

أكبر من

أصغر من

نفس الحجم

ربع واحد من المستطيل.

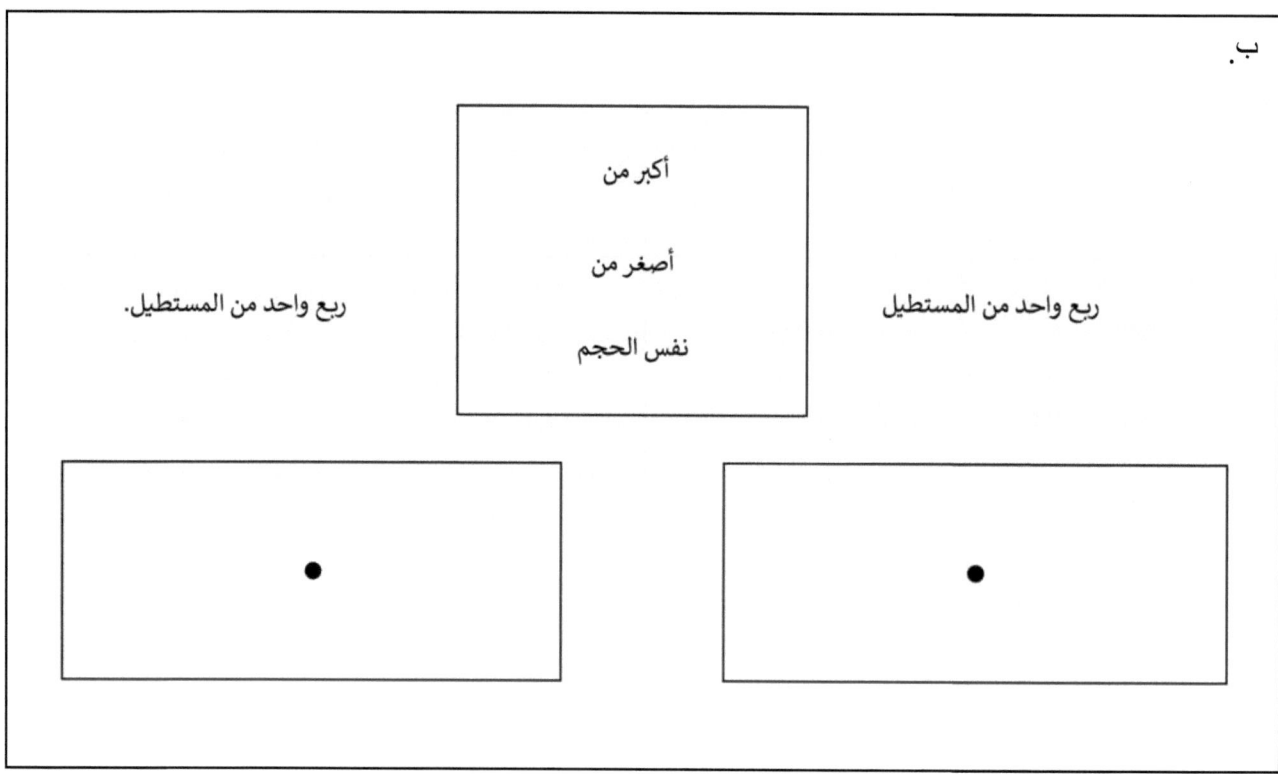

1. طابق كل ساعة مع الوقت الذي تظهره .

يشير عقرب الدقائق إلى 12 عند تمام كل ساعة. وهذا يعني أن الوقت هو " تمام الساعة شيء ما"! لإيجاد الإجابة، أنظر فقط إلى عقرب الساعات، الذي يخبرني كم الساعة!

2. ضع عقرب الساعة على مدار الساعة بحيث تتطابق الساعة مع الوقت. ثم، اكتب الوقت على الخط.

الساعة الثانية

2:00

أحتاج إلى جعل عقرب الساعة يشير مباشرة إلى 2. عندما تكون الساعة 2:00، يشير عقرب الدقائق إلى 12، ويشير عقرب الساعات مباشرة إلى 2.

الاسم ______________________ التاريخ ______________

1. طابق كل ساعة مع الوقت الذي تظهره .

أ.

ب.

ج.

د.

هـ.

و.

الساعة الرابعة
الساعة السابعة
الساعة الحادية عشرة
الساعة العاشرة
الساعة الثالثة
الساعة الثانية

11:00
10:00
2:00
3:00
4:00
7:00

2. ضع عقرب الساعة على مدار الساعة بحيث تتطابق الساعة مع الوقت. ثم، اكتب الوقت على الخط.

أ.

الساعة السادسة

6 : 00

ب.

الساعة التاسعة

_____

ج.

الساعة الثانية عشرة

_____

د.

الساعة السابعة

_____

هـ.

الساعة الواحدة

_____

1. ضع دائرة حول الساعة الصحيحة.

الساعة الثانية عشرة والنصف

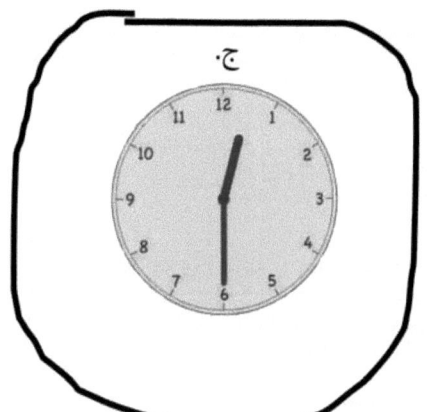

أ.

ب.

ج.

عندما تكون الساعة "والنصف"، يشير عقرب الساعات دائمًا إلى أسفل، في منتصف دائرة الساعة، عند 6. كل هذه الساعات يشير فيها عقرب الدقائق إلى 6، لذلك أعرف الساعة الآن فقط من خلال إشارة عقرب الساعات إلى ما بعد 12.

عقرب الساعات لم يصل بعد إلى 1، لذلك أعرف أن الساعة لا تزال 12.

2. اكتب الوقت المعروض على كل ساعة لتخبر عن يوم السبت عند هنري.

يستيقظ هنري الساعة **8:30**.	يذهب إلى الحديقة الساعة **11:30**.
يذهب إلى المنزل للغداء الساعة **1:30**.	يأخذ قيلولة الساعة **2:30**.

أستطيع التحقق من إجابتي عبر سؤال نفسي ما إذا كانت إجابتي منطقية. لن يكون منطقي بالنسبة لهنري أن يتناول الغداء الساعة 8:30، على سبيل المثال.

الاسم ______________________ التاريخ ______________

ضع دائرة حول الساعة الصحيحة.

1. الساعة الثانية والنصف

أ.

ب.

ج.

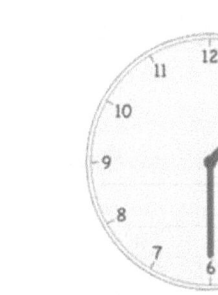

2. الساعة العاشرة والنصف

أ.

ب.

ج.

3. الساعة تمام السادسة (6)

أ.

ب.

ج.

4. الساعة الثامنة والنصف

أ.

ب.

ج.

EUREKA MATH

اكتب الوقت المعروض على كل ساعة لتخبره عن يوم لي.

.5

تستقيظ لي في الساعة ___________

.6

يركب حافلة المدرسة في الساعة ___________

.7

لديه حصة رياضيات في الساعة ___________

.8

يتناول الغداء في الساعة ___________

.9

لديه تمرين كرة السلة في الساعة ___________

.10

يقوم بأداء واجباته المنزلية في الساعة ___________

.11

يتناول العشاء في الساعة ___________

.12

يذهب إلى النوم في الساعة ___________

اكتب الوقت الموضح على الساعة، أو ارسم العقرب (العقارب) المفقودة على الساعة.

عندما يكون الوقت "تمام الساعة"، أرسم عقرب الدقائق مشيرًا إلى 12.

1.

الساعة الثانية

2.

الساعة الثانية والنصف

3.

الساعة السابعة

4.

7: 30

عندما يكون الوقت "تمام الساعة"، أرسم عقرب الدقائق مشيرًا إلى 12.

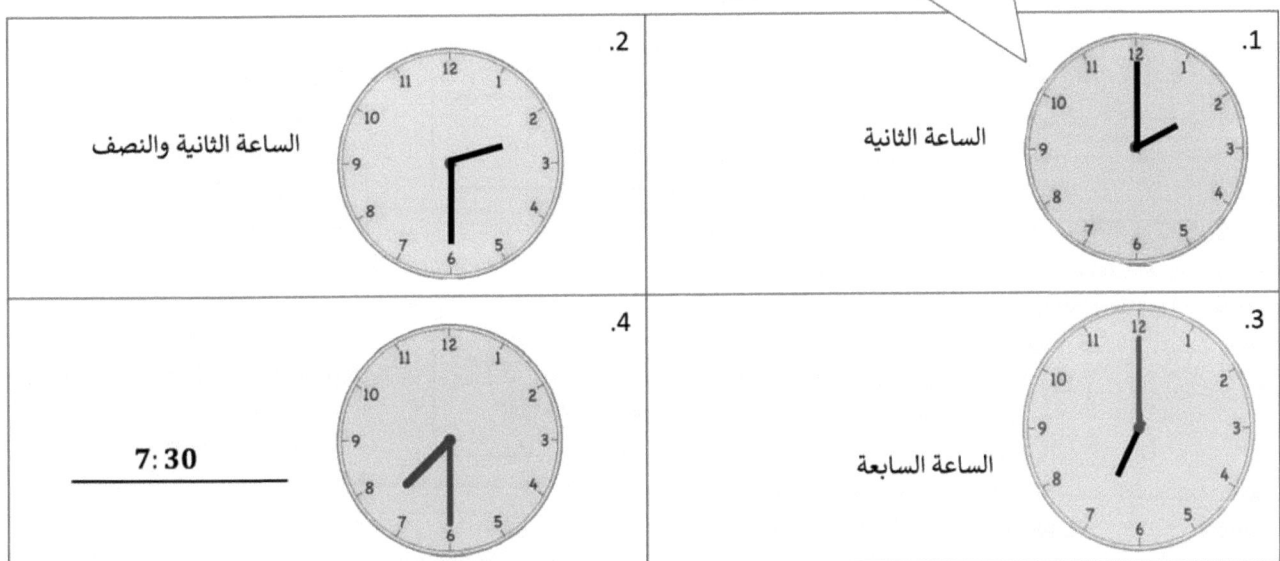

5. طابق الصور مع الساعات.

> عندما أنظر إلى عقرب الساعات، يمكنني أن أخبر ما إذا كان الوقت "تمام الساعة" أو "والنصف"! يجب أن يشير عقرب الساعات مباشرة إلى الرقم عندما يكون الوقت عند "تمام الساعة"!

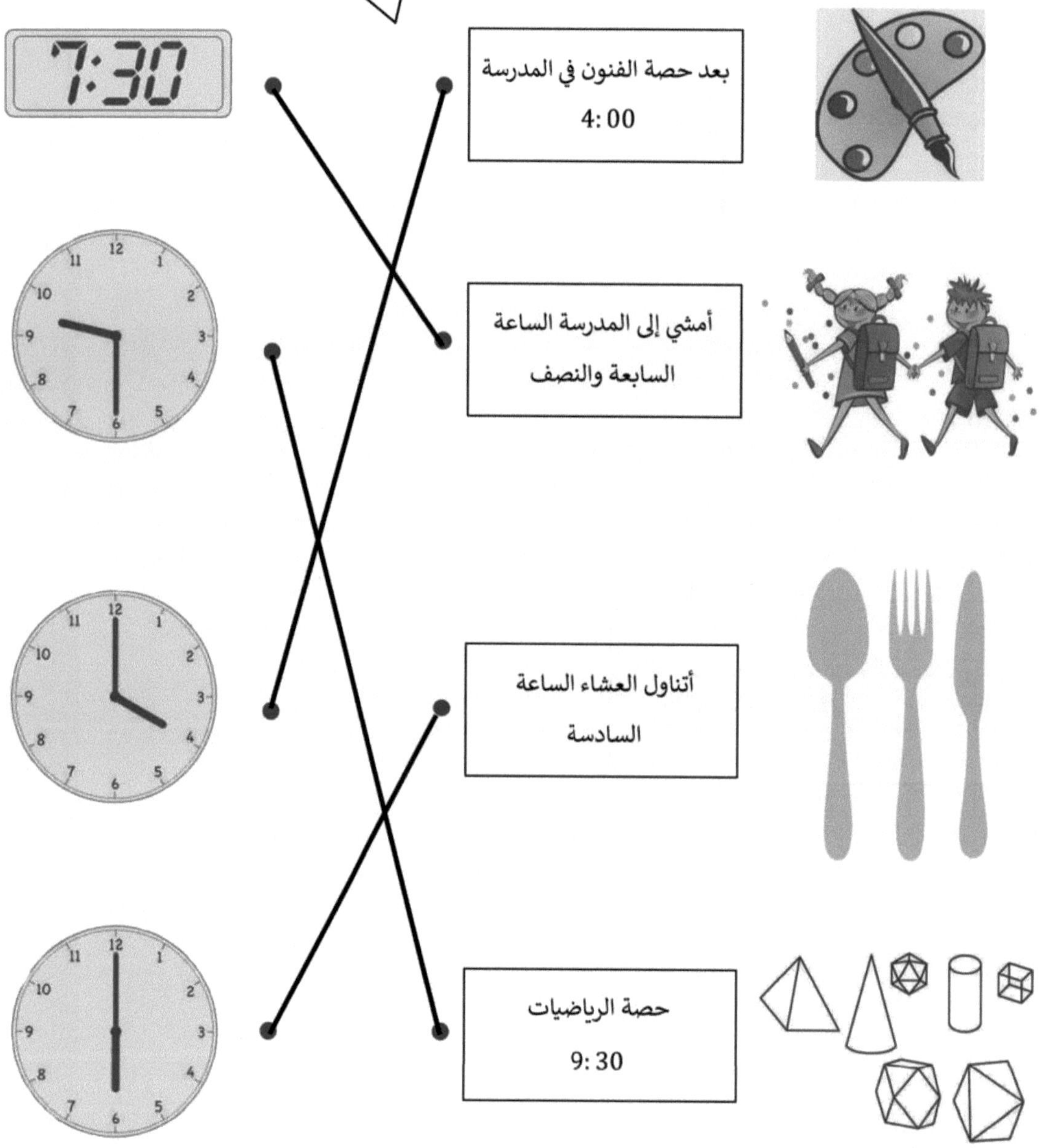

الاسم ________________________ التاريخ ______________

اكتب الوقت الموضح على الساعة، أو ارسم العقرب (العقارب) المفقودة على الساعة.

.1
تمام الساعة 10:00

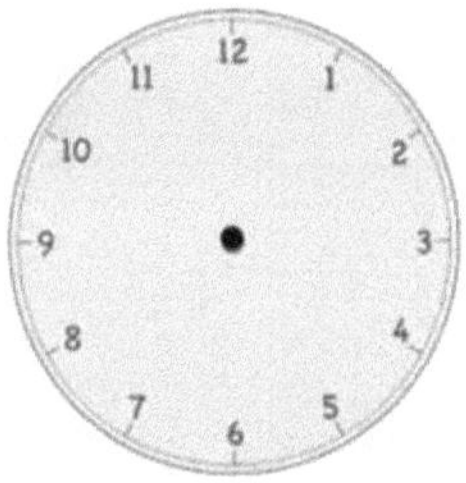

.2
الساعة العاشرة والنصف

.3
الساعة الثامنة (8)

.4
____

.5
تمام الساعة 03:00

.6
الساعة الثالثة ونصف

.7
____

.8
الساعة السادسة والنصف

.9
الساعة التاسعة والنصف

.10
تمام الساعة الرابعة (4:00)

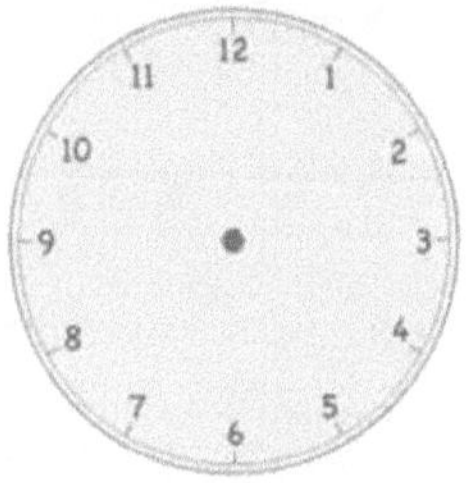

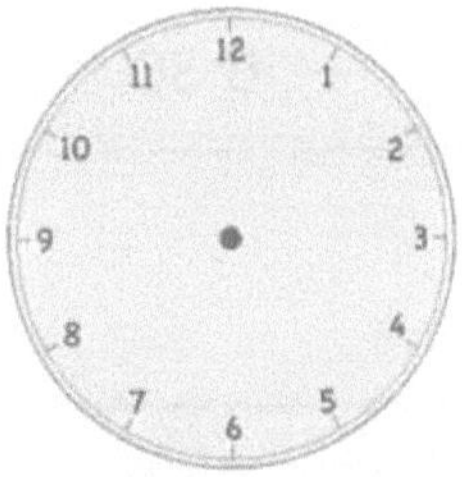

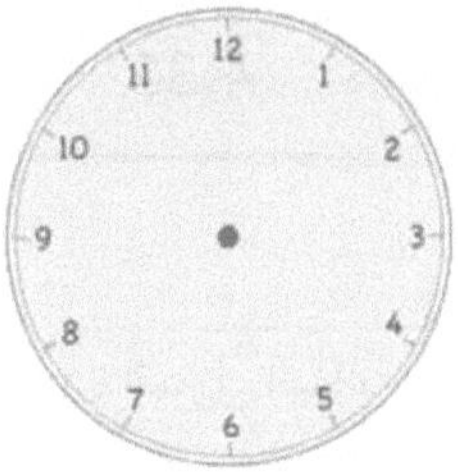

11. طابق الصور مع الساعات.

أ. تمارين كرة القدم
3:30

ب.  غسيل الأسنان
7:30

ج.  غسيل الأطباق
6:00

د.  تناول العشاء
5:30

هـ.  ركوب الحافلة إلى المنزل
4:30

و.  الواجب المنزلي الساعة السادسة والنصف

1. أكمل الفراغات.

الساعة __B__ تظهر الخامسة والنصف.

B   A

الساعة A تظهر السادسة والنصف. كانت هذه سهلة لأنه من السهل قراءة الساعة الرقمية. تظهر "الخامسة والنصف".

الساعة __A__ تظهر تمام السابعة.

B   A

كلتا الساعتين تظهر الوقت عند "تمام الساعة"، ولكن عندما أنظر بدقة إلى عقرب الساعات، أرى أن الساعة B تظهر تمام السادسة، والساعة A تظهر تمام السابعة.

2. اكتب الوقت على الخط تحت الساعة.

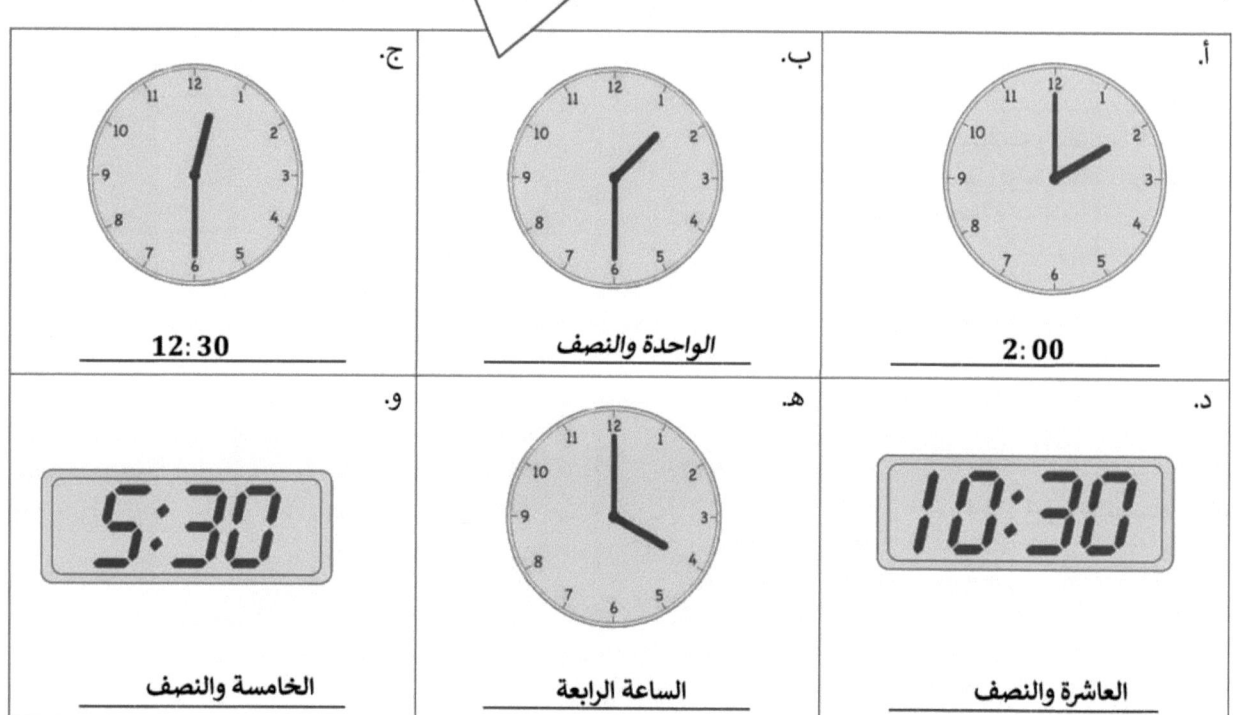

أعرف أيضًا أنه إذا كان عقرب الساعات في منتصف المسافة بين رقمين، فإن الساعة ستكون والنصف.

أ.

2:00

ب.

الواحدة والنصف

ج.

12:30

د.

العاشرة والنصف

هـ.

الساعة الرابعة

و.

الخامسة والنصف

3. ضع علامة (✓) بجوار الساعة (الساعات) التي تظهر الساعة 11.

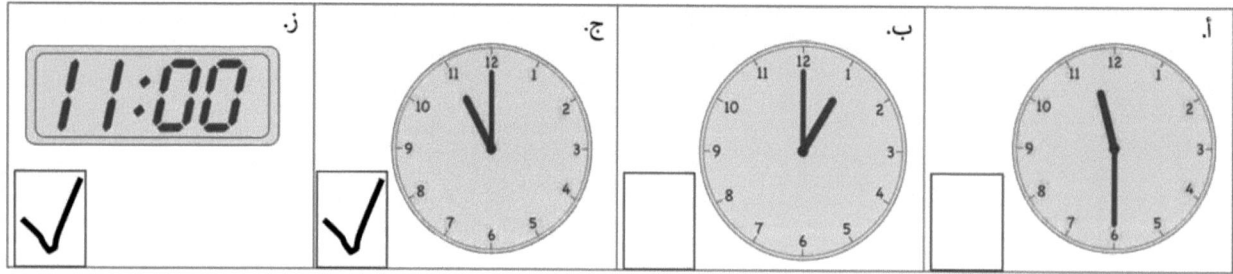

أ.

☐

ب.

☐

ج.

✓

ز.

✓

5•1 الدرس 13 الواجبات المنزلية

الاسم ______________________ التاريخ ____________

املأ الفراغات.

1.

B

A

تظهر ________ الساعة الثالثة والنصف.

2.

B

A

تظهر ________ الساعة الثانية عشرة والنصف.

3.

B

A

تظهر ________ الساعة الساعة الحادية عشر.

4.

B

A

تظهر ________ الساعة 8:30.

5.

B

A

تظهر ________ الساعة 5:00.

EUREKA MATH

6. اكتب الوقت على الخط تحت الساعة.

أ.

ب.

ج.

د.

هـ.

و.

ز.

ح.

ط.

7. ضع علامة (✓) بجوار الساعة (الساعات) التي تظهر الساعة 4.

أ.

ب.

ج.

ز.

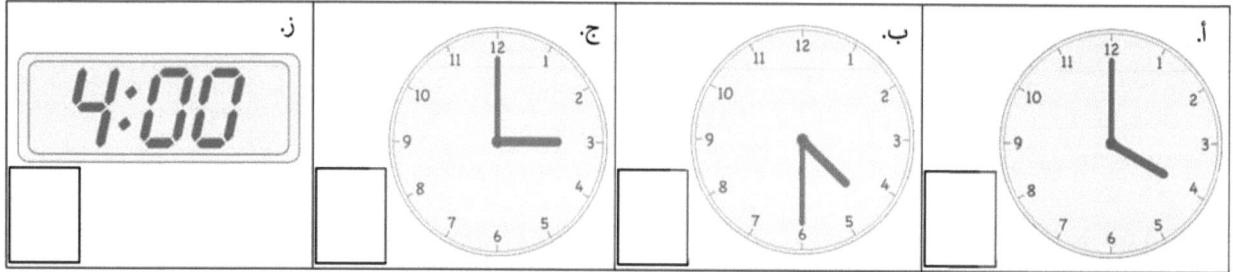

الصف 1
الوحدة 6

أكل نوح 7 حبات من الحلوى . أكلت شقيقته الكبرى شارلوت 15 حبة من الحلوى. كم عدد حبات الالهلام تناولتها شارلوت أكثر من نوح؟

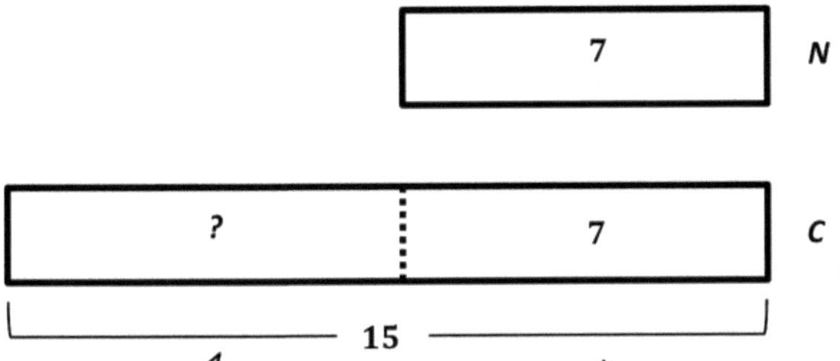

7
N
7
C
15

أستطيع أولاً رسم وعنونة رسم بياني شريطي ليمثل عدد حبوب الفاصولياء التي أكلها نوح، 7. أستطيع عنونة الرسم البياني الشريطي بالحرف N.

واعنونه بالحرف C. استطيع ان أرى أن شريط شارلوت أطول من شريط نوح لأنها أكلت فاصولياء أكثر. رسم وعنونة رسم بياني شريطي مزدوج مثل هذا يساعدني على مقارنة الأعداد بسهولة.

شريط نوح يمثل 7، لذلك فإن هذه الزيادة في شريط شارلوت هي أيضًا 7.

هذا الجزء من شريط شارلوت يمثل عدد الفاصولياء الزيادة التي أكلتها. أستطيع كتابة علامة استفهام في هذا الجزء لتمثيل غير المعروف.

$15 - 7 = \boxed{8}$

الآن أستطيع كتابة جملة رقمية لإيجاد المجهول. يوجد العديد من الإستراتيجيات لإيجاد المجهول. أستطيع العد تصاعديًا من 7 للوصول إلى 15. أستطيع التفكير في هذه المسألة كأنها 7 + ؟ = 15 للحصول على 8. ولكن في هذه الحالة أختار إلى استخدام الطرح حيث أنه الأكثر فعالية.

أكلت شارلوت 8 حبات فاصولياء أكثر من نوح.

أخيرًا، أحتاج إلى كتابة عبارتي التي تتطابق مع القصة. سيساعدني هذا في التحقق من إجابتي والتأكد من أنها منطقية.

الاسم _____   التاريخ _____

اقرأ المسألة اللفظية.
ارسم مخططًا شريطيًا بيانيًا أو مخططًا شريطيًا مزدوجًا وسمِّه.
اكتب الجملة الرقمية والبيان التي تطابق القصة.

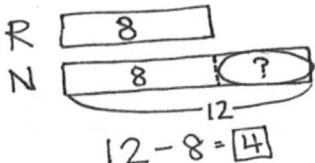

1. تبرعت فران بـ 11 من كتبها القديمة للمكتبة. تبرع دارنيل بـ 8 من كتبه القديمة للمكتبة. كم عدد الكتب التي تبرع بها فران أكثر من دارنيل؟

2. أثناء الفرصة، هناك 7 طلاب يقرؤون الكتب. وهناك 17 طالبًا يلعبون في الملعب. كم يقل عدد الطلاب الذين كانوا يقرأون الكتب عن الذين يلعبون في الملعب؟

3. تبلغ ماريا 18 سنة. شقيقها نيكيل عمره 12 سنة. بكم يزيد عمر ماريا عن شقيقها نيكيل؟

4. أمطرت 15 يومًا في شهر مارس. وأمطرت 19 يومًا في أبريل. كم يزيد عدد الأيام التي أمطرت فيها في شهر أبريل مقارنة بشهر مارس؟

1. استخدمت جريس 12 مكعب لبناء برج. استخدم مات 4 مكعبات أكثر من جريس.
كم عدد المكعبات التي استخدمها مات؟

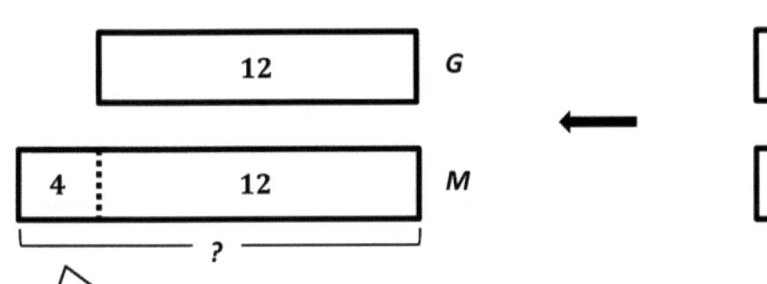

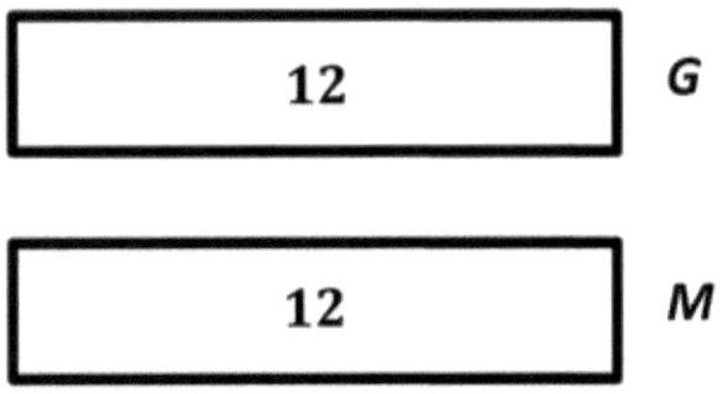

أستطيع عمل رسم بياني شريطي مزدوج للقصة. أولاً، أستطيع رسم وعنونة رسم بياني شريطي يمثل عدد البلوكات، 12، التي استخدمتها جريس لبناء البرج وعنونة شريطها بالحرف G. بعد ذلك، أستطيع رسم وعنونة رسم بياني شريطي ثاني ليمثل عدد البلوكات التي استخدمها مات في بناء برجه وعنونته بالحرف M. حيث أنني لا زلت لا أعرف كم عدد البلوكات التي استخدمها مات لبرجه، أستطيع أن أبدأ برسم وعنونة شريطه بنفس حجم شريط جريس.

تقول القصة، "استخدم مات 4 بلوكات أكثر من جريس." لذلك، أحتاج إلى رسم جزء إضافي من الشريط بجوار شريط مات لأظهر أنه استخدم 4 بلوكات أكثر من جريس. المجهول هو إجمالي عدد البلوكات التي استخدمها مات. أستطيع عنونة ذلك بعلامة استفهام.

للتأكد من أنني رسمت وعنونت كل المعلومات المعروفة وغير المعروفة، أستطيع قراءة كل جزء من القصة مرة أخرى. بينما أقرأ، أستطيع لمس الجزء من الرسم البياني الشريطي المزدوج الذي يتوافق مع ما أقوله.

$12 + 4 = \boxed{16}$

الآن أستطيع جملة رقمية تساعدني في إيجاد العدد الإجمالي للبلوكات وعبارة تجيب عن سؤالي.

استخدم مات 16 بلوك.

2. وجدت سوزان 9 أصداف بحرية أقل من جون. وجد جون 13 صدفة بحرية. كم عدد الأصداف البحرية التي وجدتها سوزان؟

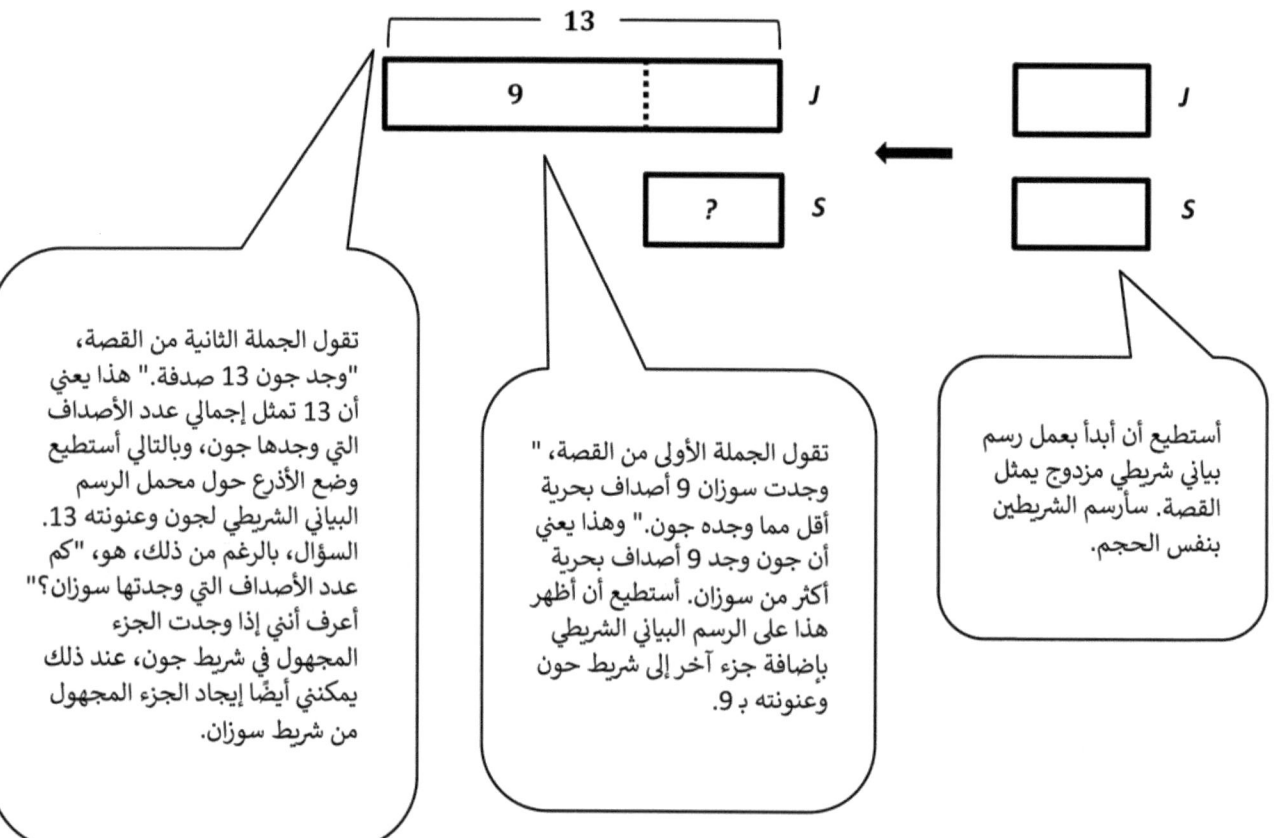

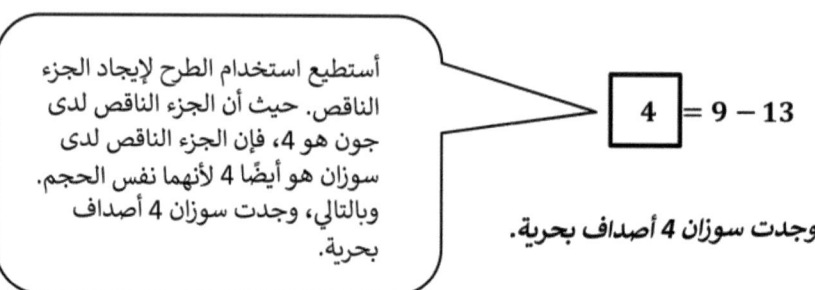

وجدت سوزان 4 أصداف بحرية.

الاسم ______________________ التاريخ ______________

اقرأ المسألة اللفظية.
ارسم مخططًا شريطيًا بيانيًا أو مخططًا شريطيًا مزدوجًا وسِمْه.
اكتب الجملة الرقمية والبيان التي تطابق القصة.

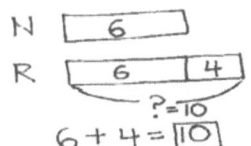

1. ذهب كيم إلى 15 مباراة بيسبول هذا الصيف. ذهب جوليو إلى 10 مباراة بيسبول.
كم يزيد عدد المباريات التي ذهب إليها كيم عن خوليو؟

2. قطفت كيانا 14 حبة فراولة من المزرعة. قطفت تامرا 5 قطع فراولة أقل من كيانا. كم عدد حبات الفراولة التي قطفتها تامرا؟

3. رأى ويلي 7 زواحف في حديقة الحيوانات. شاهدت إيمي 4 زواحف أكثر ويلي في حديقة حيوان.
كم عدد الزواحف التي رآتها إيمي في حديقة الحيوانات؟ .

4. قفز بيتر إلى المسبح 6 مرات أكثر من دارنيل. قفزت دارنيل 9 مرات. كم مرة قفز بيتر إلى حوض السباحة؟

5. وجدت روز 16 صدفة بحرية على الشاطئ. وجد لي 6 اصداف بحرية أقل من روز. كم عدد الأصداف البحرية التي وجدته لي على الشاطئ؟

6. حصلت شانيكا على 12 بطاقة في البريد. حصلت نيكل على 5 بطاقات أكثر من شانيكا. كم عدد البطاقات التي حصلت عليها نيكل؟

1. اكتب العشرات والآحاد. أكمل العبارة.

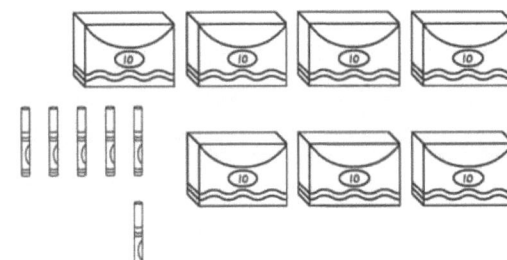

عددت 7 صناديق في كل منها عشرة من أقلام ماركر و 6 أقلام ماركر. الآن، أستطيع إكمال مخطط القيمة المكانية مع 7 عشرات و 6 آحاد.

آحاد	عشرات
6	7

7 عشرات و 6 آحاد، أو 70 و 6، يساوي 76.

يوجد ___76___ قلم ماركر.

2. اكتب العدد في صورة عشرات وآحاد على مخطط القيمة المكانية، أو استخدم مخطط القيمة المكانية لكتابة العدد.

أ. 52

آحاد	عشرات
2	5

52 يتكون من جزأين، 50 و 2. قراءة 52 بطريقة العشرات هي 5 عشرات و2. وهذا يعني أنه يوجد 5 عشرات و 2 آحاد في 52.

ب. ___98___

آحاد	عشرات
8	9

الرقم 9 يمثل 9 عشرات، وهذا يساوي 90. الرقم 8 يمثل 8 آحاد. وبالتالي فإن 9 عشرات و 8 آحاد، أو 90 و 8، يساوي 98.

الاسم ______________________ التاريخ ______________

اكتب العشرات والآحاد. أكمل العبارة.

.1

عشرات	آحاد

52 = ____ عشرات ____ آحاد

.2

عشرات	آحاد

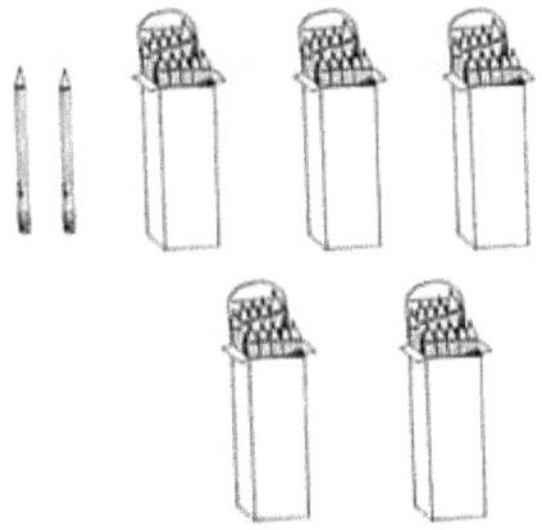

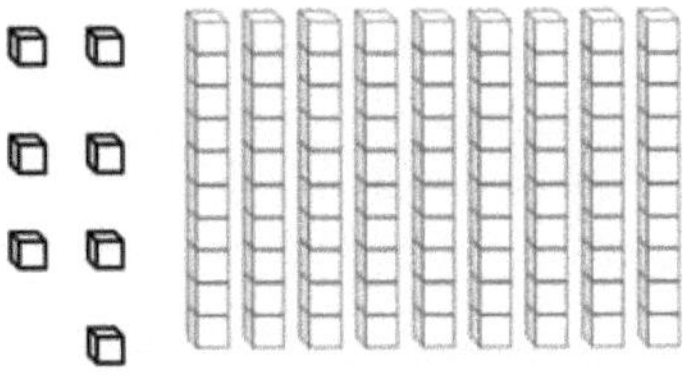

____ = ____ عشرات ____ آحاد

.3

عشرات	آحاد

يوجد ____ مكعبات.

.4

عشرات	آحاد

يوجد ____ مكعبات.

.5

عشرات	آحاد

يوجد ____ مكعبات.

.6

عشرات	آحاد

يوجد ____ مكعبات.

.7

10
10
10
10
10
10

عشرات	آحاد

يوجد ____ حبات من الجزر.

.8

10
10
10
10
10
10
10

عشرات	آحاد

يوجد ____ أقلام ماركر.

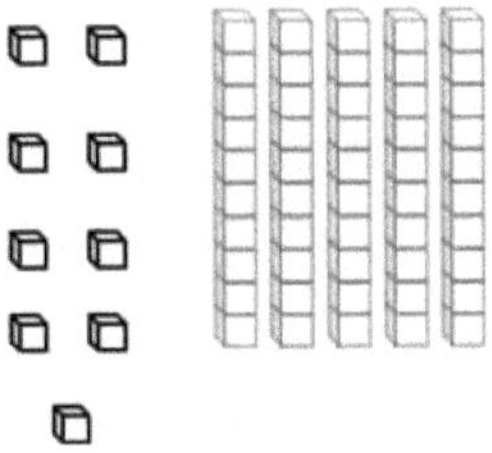

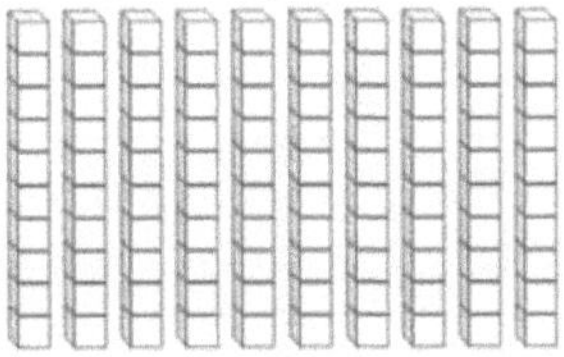

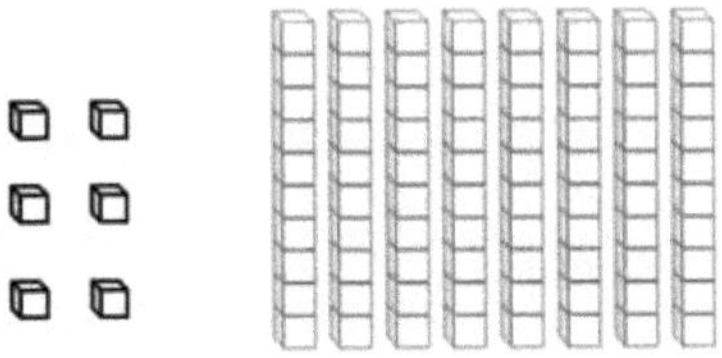

الدرس 3: استخدم مخطط القيمة المكانية لتسجيل وتسمية العشرات والآحاد ضمن الأعداد المكونة من رقمين حتى العدد 100.

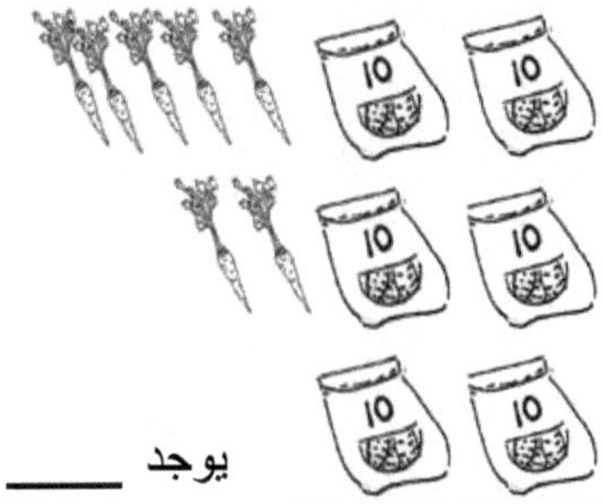

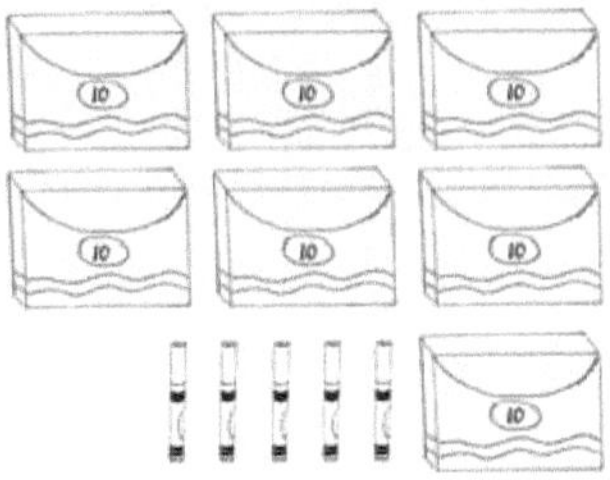

9. اكتب العدد في صورة عشرات وآحاد على مخطط القيمة المكانية، أو استخدم مخطط القيمة المكانية لكتابة العدد.

أ. 70

عشرات	آحاد

ب. 76

عشرات	آحاد

ج. ____

عشرات	آحاد
4	9

د. ____

عشرات	آحاد
9	4

هـ. 65

عشرات	آحاد

و. 60

عشرات	آحاد

ز. 90

عشرات	آحاد

ح. ____

عشرات	آحاد
10	0

ط. ____

عشرات	آحاد
8	3

ي. ____

عشرات	آحاد
8	0

1. عد الاشياء، واملأ الرابط الرقمي ومخطط القيمة المكانية. أكمل الجمل لإضافة العشرات والآحاد.

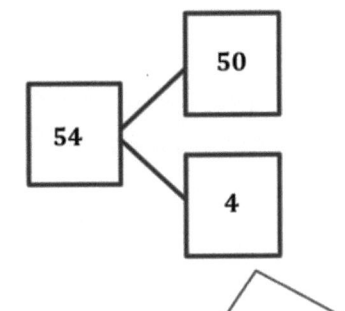

آحاد	عشرات
4	5

4

عددت 5 عشرات و 4 آحاد. أستطيع تسجيل هذا على مخطط القيمة المكانية.

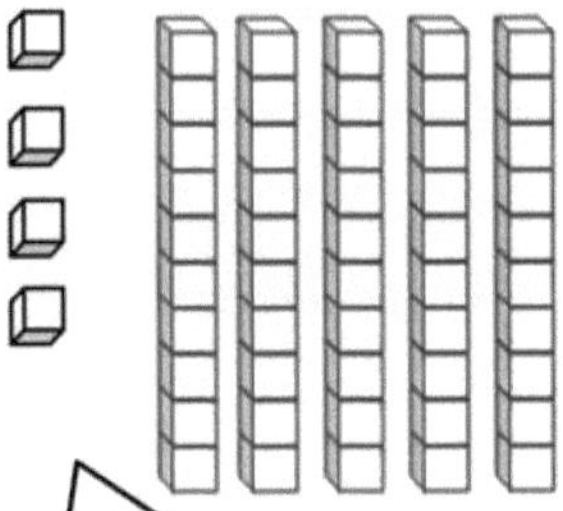

5 عشرات و 4 آحاد تساوي 54. أستطيع تفكيك 54 إلى 50 و 4، كما هو مبين على رابطتي الرقمية.

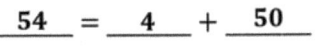

الآن أستطيع كتابة جمل رقمية إضافية تتطابق مع رابطتي الرقمية. أستطيع البدء بالجزء الذي يمثل العشرات كما فعلت هنا أو بدء جملتي الرقمية مع الآحاد: 4 + 50 = 54. يمكنني تبديل المضافين، وسيبقى المجموع كما هو.

$\underline{54} = \underline{4} + \underline{50}$

$\underline{54} = \underline{4} + \underline{5}$

2. أكمل الجمل لإضافة العشرات والآحاد.

أ. $\underline{74} = 4 + 70$

ب. 6 عشرات + 8 آحاد = 68

أستطيع أن أقول هذه الجملة الرقمية على التالي "70 أكثر من 4 يساوي 74" أو "4 أكثر من 70 يساوي 74" أو "70 زائد 4 يساوي 74" أو "4 زائد 70 يساوي 74"، أو "7 عشرات و 4 آحاد يساوي 74." هذه مجرد بعض من الطرق المختلفة الكثيرة لقول هذه الجملة الرقمية. وهذا يساعدني على التفكير في الأعداد بشكل أكثر مرونة.

الدرس 4: اكتب واشرح الأعداد المكونة من رقمين حتى العدد 100 في صورة جمل جمع تحتوي على عشرات وآحاد.

الاسم ____________________ التاريخ ______________

عد الكائنات، وأكمل الرابطة الرقمية أو مخطط القمية المكانية. أكمل الجمل لإضافة العشرات والآحاد.

.1

70 و 6 تكون _____

70 + 6 = _____

.2

40 + 5 تكون _____

40 + 5 = _____

.3

_____ + _____ = 69

9 أكثر من 60 يكون _____

.4

__ + __ = 97

7 أكثر من 90 يكون _____

.5

_____ = _____ + _____

_____ عشرات + _____ آحاد = _____

.6

_____ = _____ + _____

_____عشرات + _____ آحاد = _____

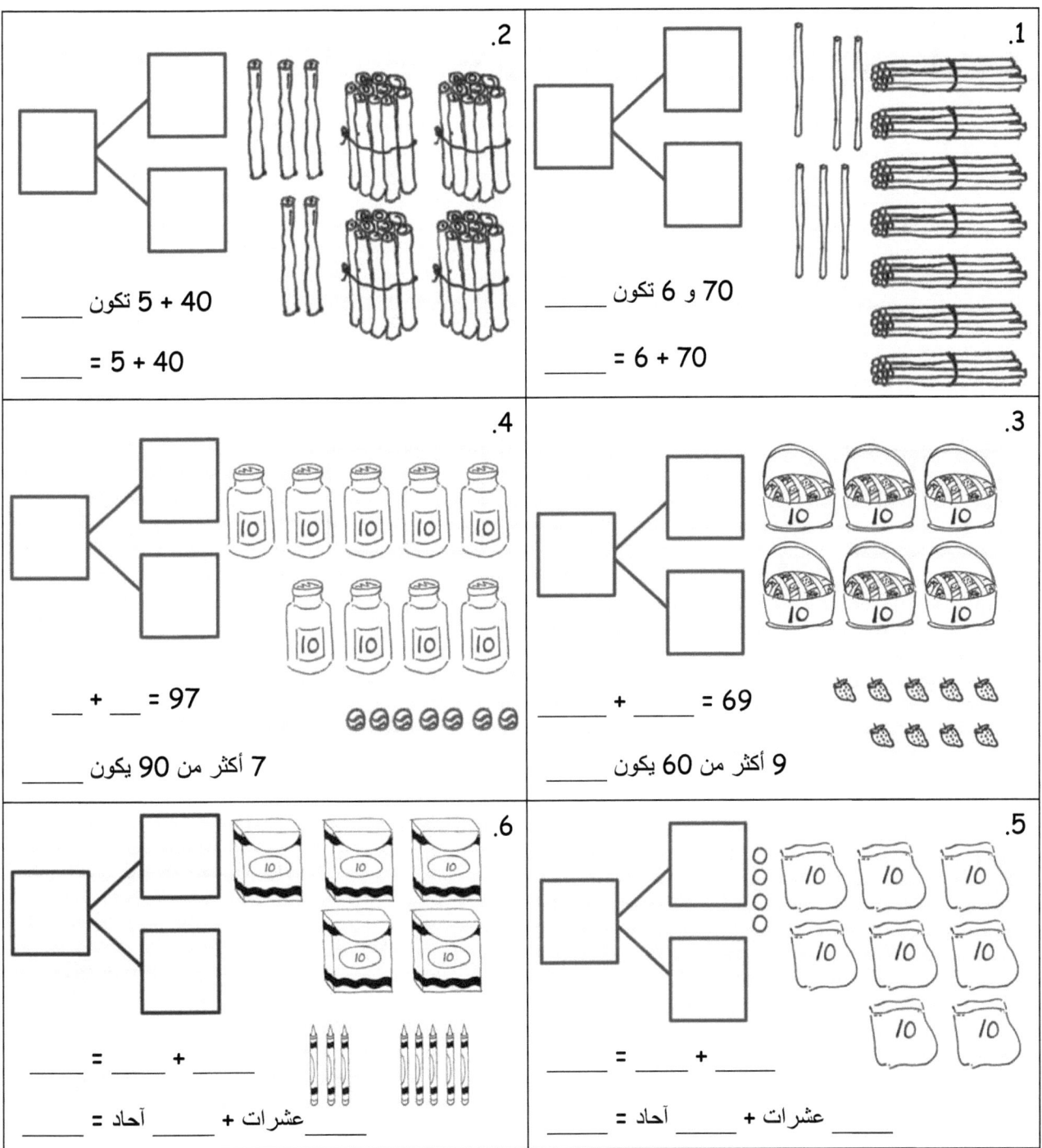

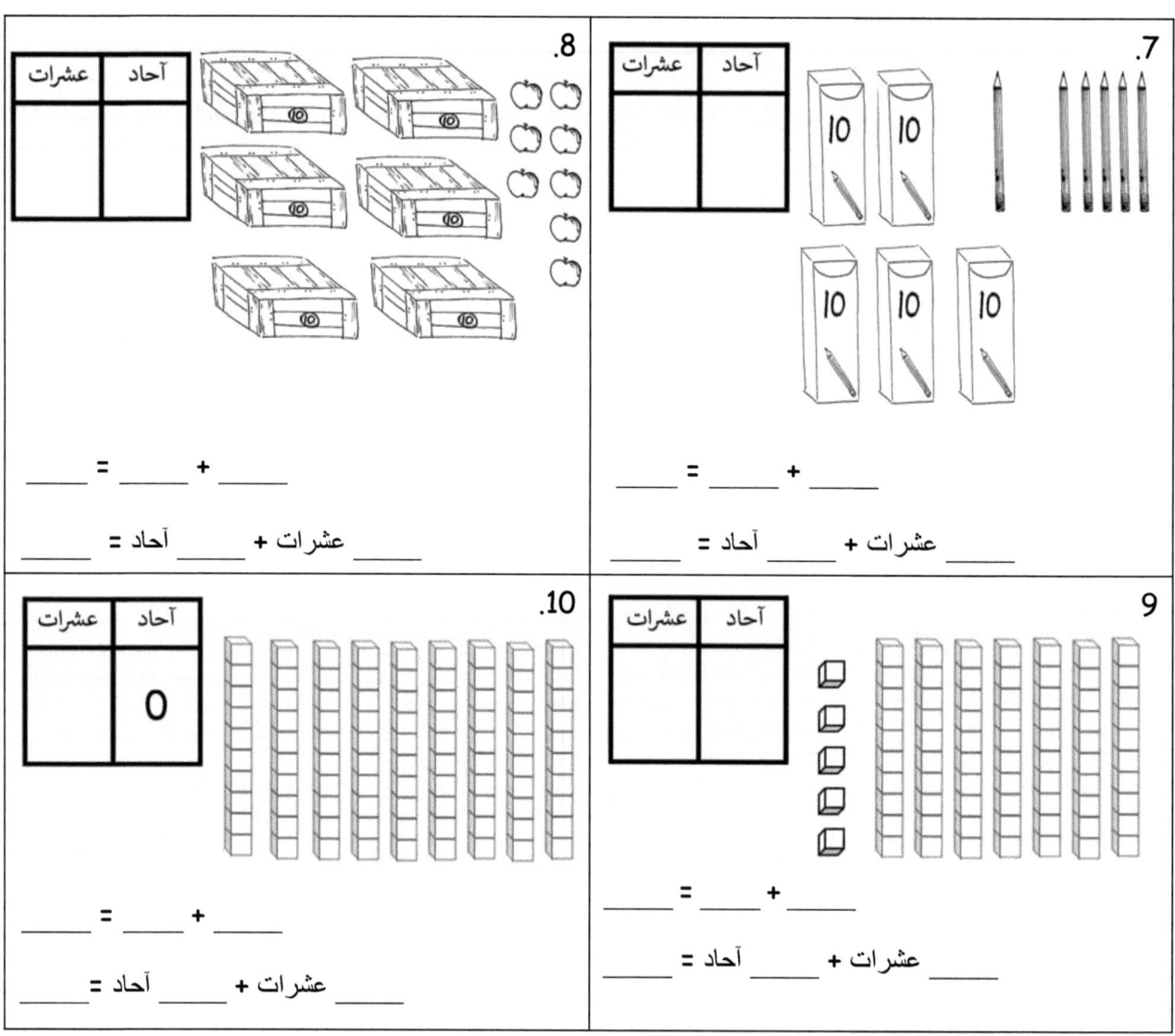

.7

آحاد	عشرات

_____ + _____ = _____

_____ عشرات + _____ آحاد = _____

.8

آحاد	عشرات

_____ + _____ = _____

_____ عشرات + _____ آحاد = _____

9

آحاد	عشرات

_____ + _____ = _____

_____ عشرات + _____ آحاد = _____

.10

آحاد	عشرات
0	

_____ + _____ = _____

_____ عشرات + _____ آحاد = _____

.11 أكمل الجمل لإضافة العشرات والآحاد.

أ. 80 + 6 = _____

ب. _____ + 7 = 57

ج. 9 عشرات + _____ آحاد = 95

د. 4 آحاد + 8 عشرات = _____

1. أوجد الأرقام الغامضة. استخدم أسلوب الأسهم لشرح كيف عرفت ذلك.

أ. 1 أقل من 50 يكون **49**.

ب. 10 أكثر من 50 يكون **60**.

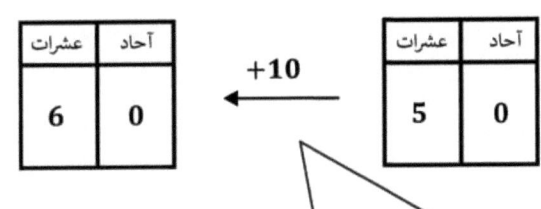

أ.

آحاد	عشرات
0	5

$+10$ ←

آحاد	عشرات
0	6

10 أكثر من 50 يساوي 60. من 50 إلى 60، أضفت 10. أستطيع رسم سهمًا من مخطط القيمة المكانية الأول إلى الثاني وكتابة + 10 فوق السهم. فقط الرقم في منزلة العشرات تغير هذه المرة من 5 عشرات إلى 6 عشرات لأننا أضفنا 10 أكثر. الرقم في منزلة الآحاد لم يتغير.

ب.

آحاد	عشرات
0	5

-1 ←

آحاد	عشرات
9	4

يوجد 5 عشرات و 0 آحاد في 50. أستطيع كتابة ذلك في مخطط القيمة المكانية على اليسار. 1 أقل من 50 يساوي 49. من 50 إلى 49، طرحت 1. أستطيع رسم سهمًا من مخطط القيمة المكانية الأول إلى الثاني وكتابة - 1 فوق السهم. في هذه الحالة، عندما وجدت 1 أقل، تغير الرقم في منزلة العشرات والرقم في منزلة الآحاد.

2. اكتب العدد الذي يساوي أكثر من 1.

أ. 60، **61**

ب. 79، **80**

عندما أجد 1 أكثر أو 1 أقل، أحيانًا يتغير الرقم في منزلة الآحاد فقط، وأحيانًا تتغير الأرقام في كل من منزلة العشرات والآحاد.

3. اكتب العدد الذي يساوي أقل من 1.

أ. 70، **60**

ب. 82، **72**

أحتاج لقراءة التوجيهات بحرص لمعرفة متى أضيف 1 أكثر، 1 أقل، 10 أكثر، أو 10 أقل.

EUREKA MATH

6•1 الدرس 5 الواجبات المنزلية

الاسم ____________ التاريخ ____________

1. حل. يمكنك الرسم أو الشطب (×) لشرح إجابتك.

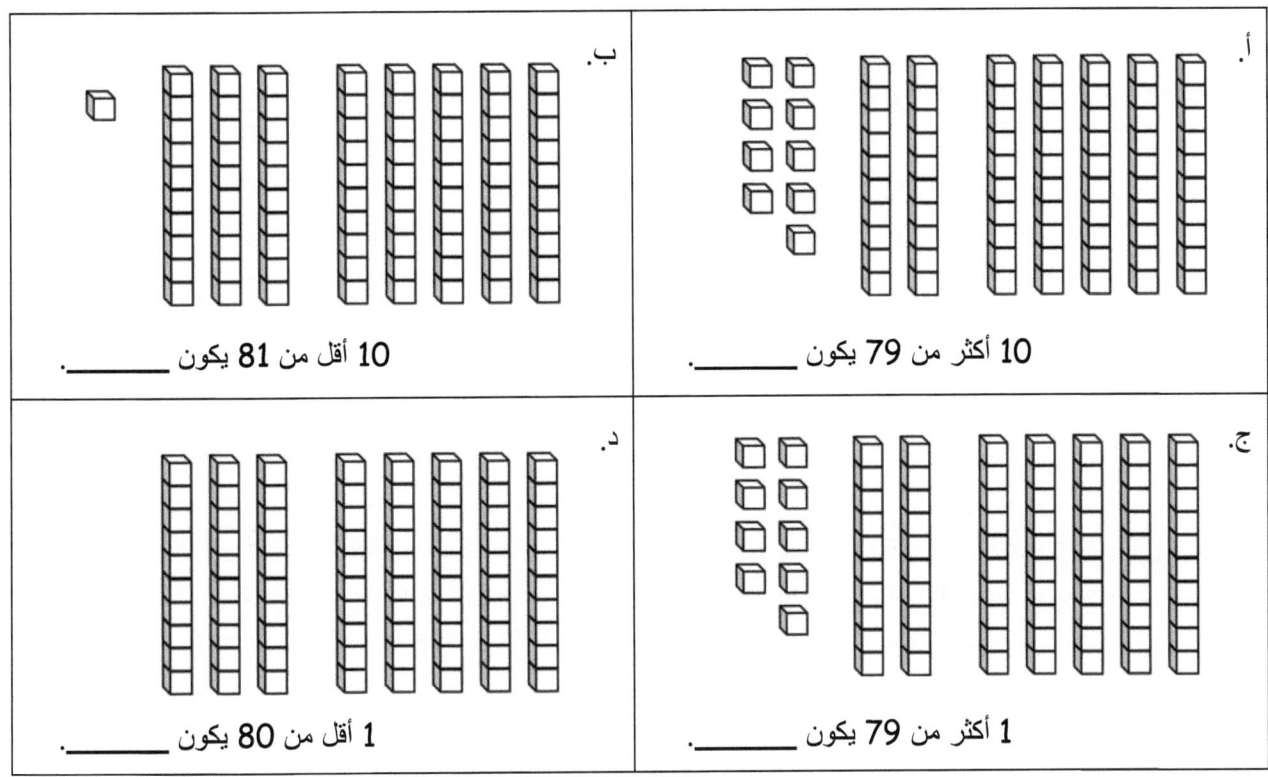

أ.

10 أكثر من 79 يكون _______.

ب.

10 أقل من 81 يكون _______.

ج.

1 أكثر من 79 يكون _______.

د.

1 أقل من 80 يكون _______.

2. أوجد الأرقام الغامضة. يمكنك عمل رسم للمساعدة في حلها، إذا لزم الأمر.

أ. 10 أكثر من 75 يكون _________.

عشرات	آحاد
7	5

← + 10

عشرات	آحاد

ب. 1 أكثر من 75 يكون _________.

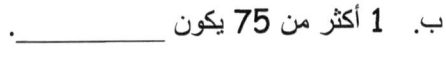

عشرات	آحاد

→

عشرات	آحاد

ج. 10 أقل من 88 يكون _________.

عشرات	آحاد

عشرات	آحاد

د. 1 أقل من 88 يكون _________.

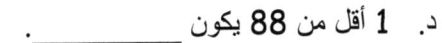

عشرات	آحاد

عشرات	آحاد

الدرس 5 الواجبات المنزلية 6•1

4. اكتب العدد الذي يساوي **أكثر** من **10**.	3. اكتب العدد الذي يساوي **أكثر** من **1**.
أ. 60, ____	أ. 40, ____
ب. 70, ____	ب. 50, ____
ج. 77, ____	ج. 65, ____
د. 89, ____	د. 69, ____
هـ. 90, ____	هـ. 99, ____
6. اكتب العدد الذي يساوي **أقل** من **10**.	5. اكتب العدد الذي يساوي **أقل** من **1**.
أ. 50, ____	أ. 53, ____
ب. 60, ____	ب. 73, ____
ج. 84, ____	ج. 71, ____
د. 91, ____	د. 80, ____
هـ. 100, ____	هـ. 100, ____

7. أكمل الأرقام الناقصة في كل تسلسل.

أ. 50, 51, 52, ____

ب. 79, 78, 77, ____

ج. 62, 61, ____, 59

د. 83, ____, 85, 86

هـ. 60, 70, 80, ____

و. 100, 90, 80, ____

ز. 57, 67, ____, 87

ح. 89, 79, ____, 59

ط. ____, 99, 98, 97

ي. ____, 84, ____, 64

57 62

62 أكبر من 57.

5 عشرات و9 آحاد 5 عشرات و6 آحاد

56 أقل من 59.

أتذكر أن هذا هو رمز أكبر من عبر تخيل الجهة المفتوحة كفم تمساح جائع يأكل العدد الأكبر. أستطيع أيضًا أن أتذكرها عبر رؤية أن الجهة ذات نقطتي النهاية أقرب إلى العدد الأكبر، والجهة ذات نقطة النهاية الواحدة أقرب إلى العدد الأصغر.

ضع دائرة حول الكلمات الصحيحة لكي تُصبح الجملة صحيحة. استخدم > < أو = والأعداد لكتابة عبارة صحيحة.

أ.

24 (يكون أكبر من / **أقل من** / يساوي) 4 عشرات 2 آحاد

24 < 42

4 عشرات 2 آحاد هي نفسها 42. 24 و 42 يستخدما نفس الأرقام، ولكن 4 عشرات أكبر من 2 عشرات. وهذا يعني أن 24 أقل من 42.

ب.

70 (**يكون أكبر من** / أقل من / يساوي) 6 عشرات 9 آحاد

70 > 69

6 عشرات 9 آحاد هي نفسها 69. 69 أقل واحد من 70. لذلك فإن 70 أكبر من 69.

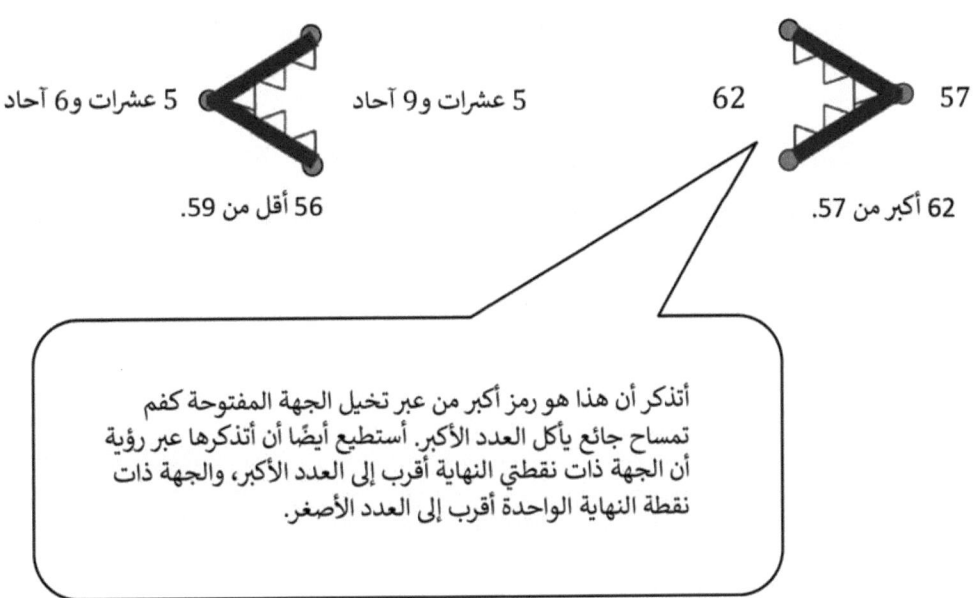

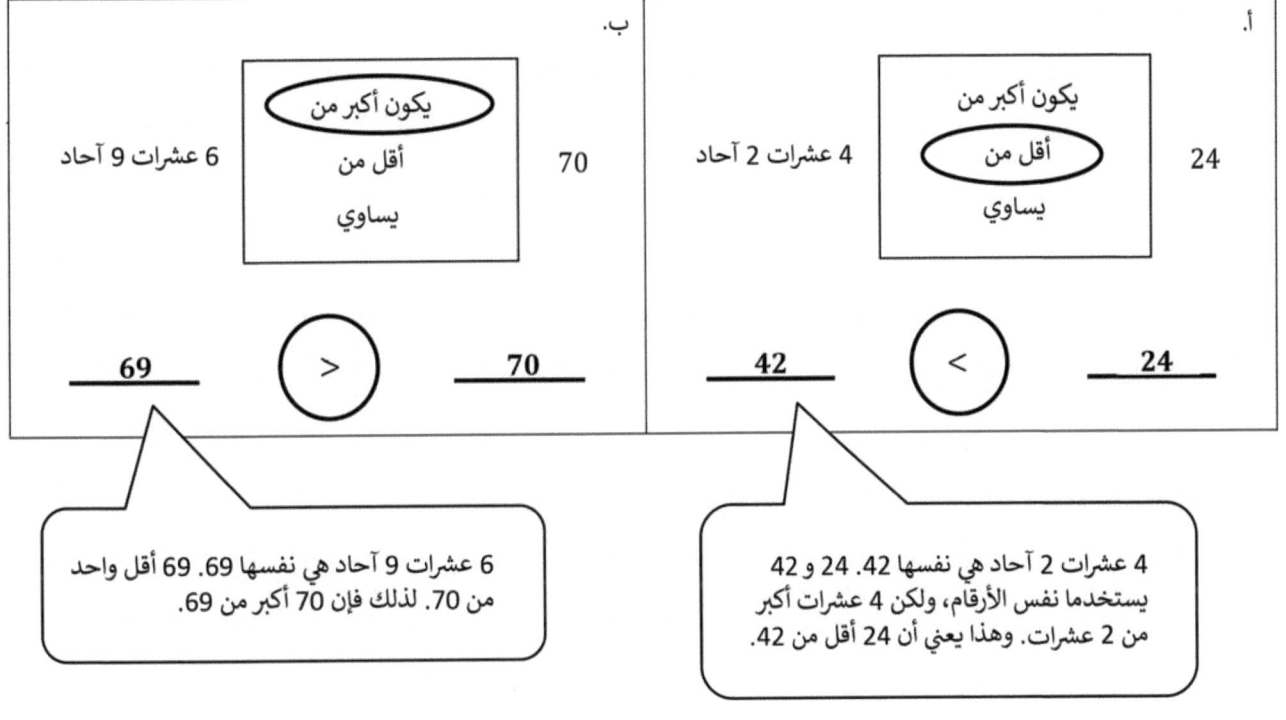

الاسم _____ التاريخ _____

1. استخدم الرموز للمقارنة بين الأعداد. املأ الفراغ برمز > أو < أو = لكي تصبح العبارة صحيحة.

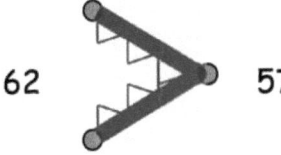 

57 62   5 عشرات و6 آحاد   5 عشرات و9 آحاد

62 (>) 57   56 (<) 59
62 أكبر من 57.   56 أقل من 59.

أ.
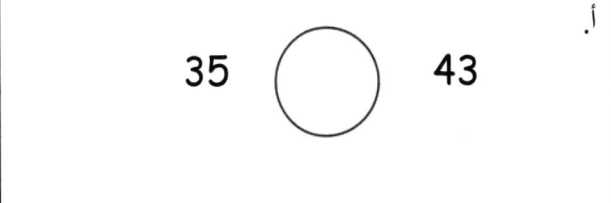
43 ◯ 35

ب.
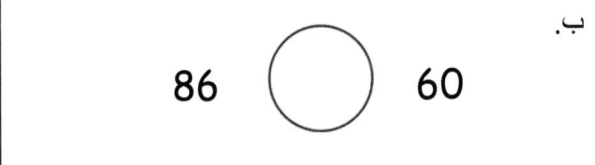
60 ◯ 86

ج.
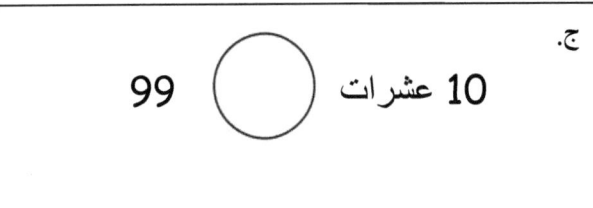
10 عشرات ◯ 99

د.

5 عشرات 4 آحاد ◯ 54

e.
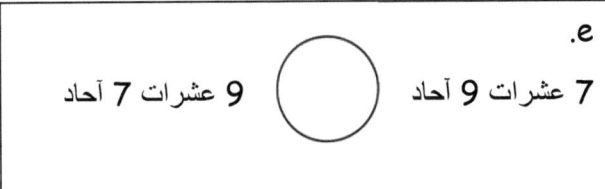
7 عشرات 9 آحاد ◯ 9 عشرات 7 آحاد

و.

1 عشرة 3 آحاد ◯ 31

ز.
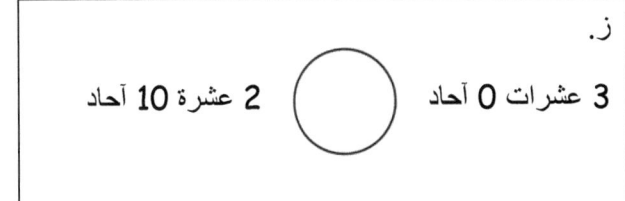
3 عشرات 0 آحاد ◯ 2 عشرة 10 آحاد

ح.
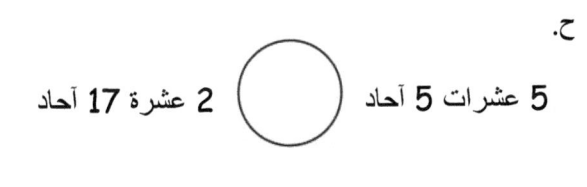
5 عشرات 5 آحاد ◯ 2 عشرة 17 آحاد

2. ضع دائرة حول الكلمات الصحيحة من الصندوق لكي تُصبح الجملة صحيحة. استخدم > أو < أو = والأعداد لكتابة عبارة صحيحة.

أكبر من	أصغر من	يساوي

أ. 42 ______________ 1 عشرة 2 آحاد

___ ◯ ___

ب. 6 عشرات 7 آحاد ______________ 5 عشرات 17 آحاد

___ ◯ ___

ج. 37 ______________ 73

___ ◯ ___

د. 2 عشرة 14 آحاد ______________ 4 آحاد 2 عشرة

___ ◯ ___

e. 9 آحاد 5 عشرات ______________ 9 عشرات 5 آحاد

___ ◯ ___

1. أكمل المخطط عبر إكمال الأرقام المفقودة.

0	100
1	**101**
2	102
3	103
4	**104**
5	105
6	106
7	**107**
8	**108**
9	109
10	110

أريد التأكد من قراءة هذه الأعداد دون قول "و" بين مائة ووحدة منزلة الآحاد. أستطيع قراءة هذه الأعداد على النحو التالي، " مائة واحد، مائة اثنين، مائة ثلاثة." عندما أقول، "100 و 1"، فهذا يعني 100 + 1، ولكن اسم العدد هو مائة وواحد.

2. قارن بين العمودين. ما هو النمط الذي لاحظته؟

العمود على اليسار يُحسب بدءًا من 1 إلى 10. العمود على اليمين يُحسب بدءًا من 100 إلى 110. النمط هو أنه عند 100 تبدأ الأرقام مرة أخرى من 0، فقط هذه المرة تقول وتكتب 100 أولاً. لذا، بدلاً من 1، 2، 3، 4، تكون 101، 102، 103، 104.

3. أكمل الأعداد المفقودة لمتابعة التسلسل العددي.

أ.

97، **96**، 95، **94**

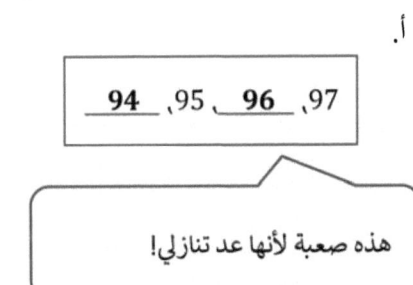

هذه صعبة لأنها عد تنازلي!

ب.

99، **100**، **101**، 102

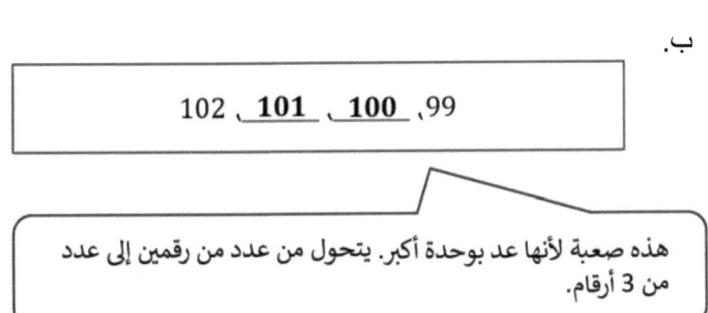

هذه صعبة لأنها عد بوحدة أكبر. يتحول من عدد من رقمين إلى عدد من 3 أرقام.

الاسم _____ التاريخ _____

1. أكمل الأرقام المفقودة في المخطط حتى العدد 120.

e.	د.	ج.	ب.	أ.
	111		91		71
		102		82	
			93		
114				74
		105		85	
116		96		
			87	
	108			
119		99		79
	110		90	80

قصة الوحدات — الدرس 7 الواجبات المنزلية — 1•6

2. اكتب الأعداد لمتابعة التسلسل العددي حتى العدد 120.

99, ____, 101, ____, ____, ____, ____, ____, ____,
____, ____, ____, ____, ____, ____, ____, ____,
____, ____, ____, ____, ____, ____

3. ضع دائرة حول التسلسل الخاطئ. وأعد كتابته بصورة صحيحة على الخط.

أ.
116, 117, 118, 119, 120

ب.
96, 97, 98, 99, 100, 110

4. أكمل الأرقام المفقودة في التسلسل.

أ.
113, 114, ____, ____, ____

ب.
____, ____, ____, 120

ج.
102, ____, ____, ____

د.
88, 89, ____, ____, ____, ____

الدرس 8 مساعد الواجبات المنزلية

1. اكتب العدد في صورة عشرات وآحاد على مخطط القيمة المكانية، أو استخدم مخطط القيمة المكانية لكتابة العدد.

أ. 74

عشرات	آحاد
7	4

> 74 يمكن تفكيكه إلى 70 و 4، وهذا يساوي 7 عشرات و 4 آحاد.

ب. 109

عشرات	آحاد
10	9

> 10 عشرات تساوي 100، و 9 أكثر تساوي 109.

2. اكتب العدد.

أ. 10 عشرات و 5 آحاد هو العدد ____105____

> أستطيع قراءة هذا العدد كمئة خمسة وليس مائة وخمسة. مائة وخمسة تصف 100 + 5.

ب. 11 عشرات و 8 آحاد هو العدد ____118____

> 11 عشرات تساوي 110، و 8 أكثر تساوي 118. أستطيع أيضًا أن أظهر 118 كـ 10 عشرات و 18 آحاد. هو نفس العدد، ولكن بطرق كتابة مختلفة.

الاسم ______________________ التاريخ ______________

1. اكتب العدد في صورة عشرات وآحاد على مخطط القيمة المكانية، أو استخدم مخطط القيمة المكانية لكتابة العدد.

أ. 81

عشرات	آحاد

ب. 98

عشرات	آحاد

ج. ______

عشرات	آحاد
11	7

د. ______

عشرات	آحاد
10	8

هـ. 104

عشرات	آحاد

و. 111

عشرات	آحاد

2. اكتب العدد.

أ. 9 عشرات 2 آحاد تكوّن العدد ____________.	ب. 8 عشرات آحاد تكوّن العدد ______________.
ج. 11 عشرة 3 آحاد تكوّن العدد ____________.	د. 10 عشرات 9 آحاد تكوّن العدد ______________.
هـ. 10 عشرات 1 آحاد تكوّن العدد ____________.	و. 11 عشرة 6 آحاد تكوّن العدد ______________.

3. طابق

أ.

عشرات	آحاد
10	2

ب.

عشرات	آحاد
9	5

ج.

عشرات	آحاد
11	4

د.

عشرات	آحاد
11	0

هـ.

عشرات	آحاد
10	8

و.

عشرات	آحاد
10	0

ز.

عشرات	آحاد
11	8

- 11 عشرات 4 آحاد
- 9 عشرات و5 آحاد
- 11 عشرات 8 آحاد
- 11 عشرات 0 آحاد
- 102
- 10 عشرات 0 آحاد
- 108

1. عد الاشياء. أكمل مخطط القيمة المكانية، واكتب العدد على الخط.

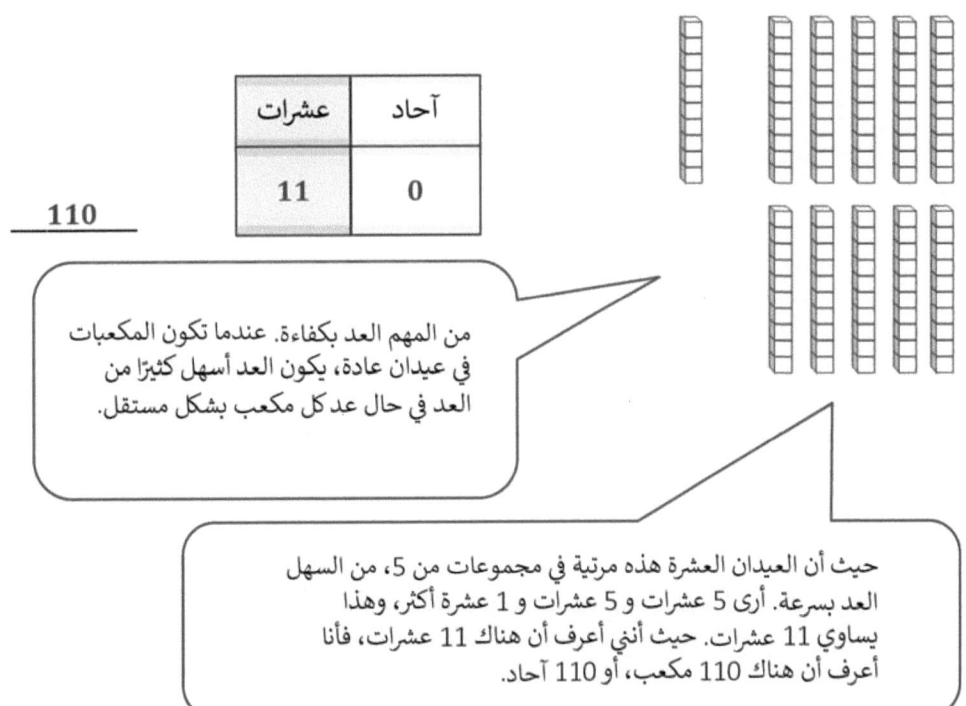

عشرات	آحاد
11	0

110

من المهم العد بكفاءة. عندما تكون المكعبات في عيدان عادة، يكون العد أسهل كثيرًا من العد في حال عد كل مكعب بشكل مستقل.

حيث أن العيدان العشرة هذه مرتبة في مجموعات من 5، من السهل العد بسرعة. أرى 5 عشرات و 5 عشرات و 1 عشرة أكثر، وهذا يساوي 11 عشرات. حيث أنني أعرف أن هناك 11 عشرات، فأنا أعرف أن هناك 110 مكعب، أو 110 آحاد.

2. استخدم العشرات والآحاد السريعة لتمثيل الأعداد التالية. اكتب العدد على الخط.

عشرات	آحاد
10	2

102

العشرات السريعة تمثل عود (1) من 10 مكعبات، أو 1 عشرات. تساعدني في تمثيل الأعداد الكبيرة بسهولة وكفاءة.

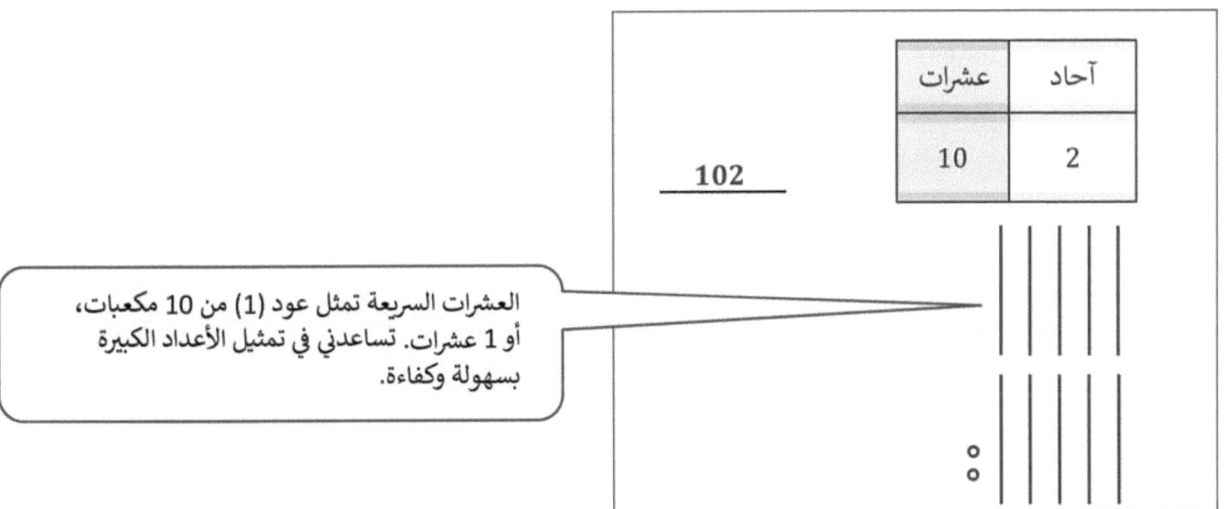

1•6

الدرس 9 والواجبات المنزلية

الاسم _____ التاريخ _____

عد الأشياء. أكمل مخطط القيمة المكانية، واكتب العدد على الخط.

1.

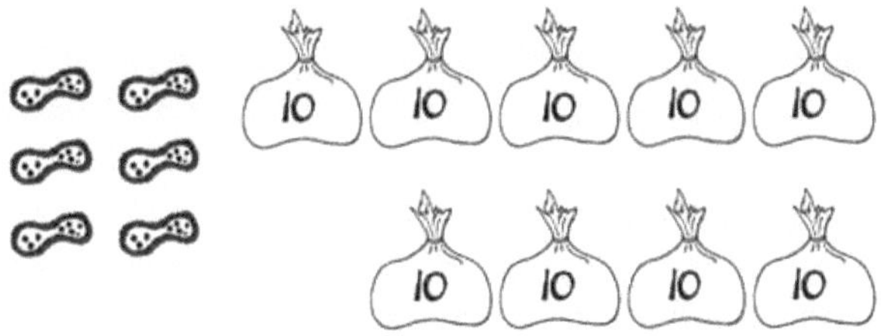

عشرات	آحاد

_____

2.

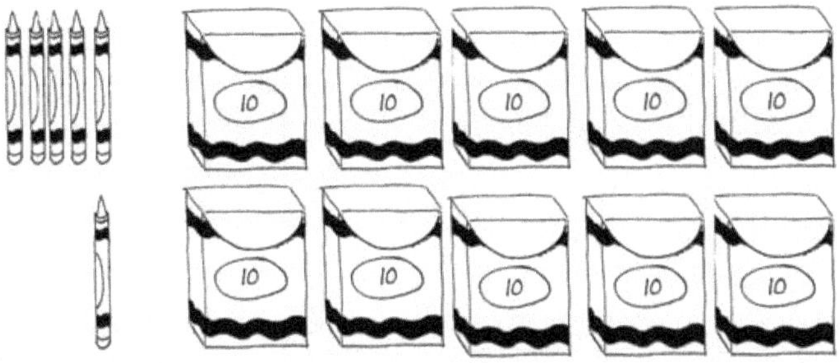

عشرات	آحاد

_____

3.

عشرات	آحاد

_____

4.

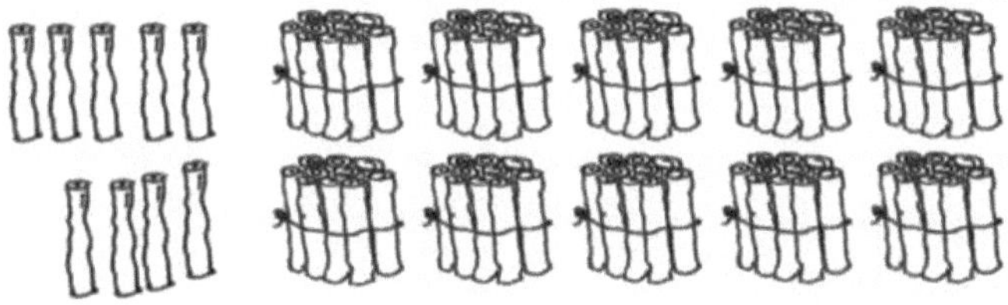

عشرات	آحاد

_____

5.

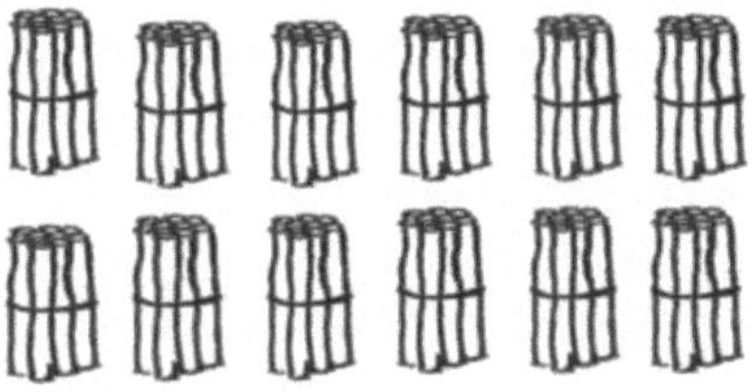

عشرات	آحاد

_____

الدرس 9: وضح ما يصل إلى 120 كائنًا بالأعداد المكتوبة.

6.

عشرات	آحاد

_____

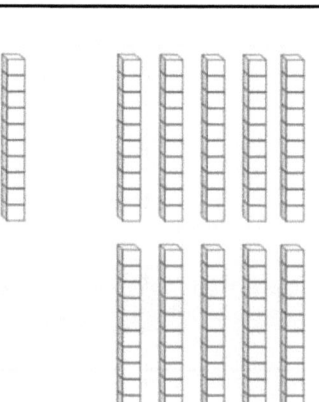

7.

عشرات	آحاد

_____

استخدم العشرات والآحاد السريعة لتمثيل الأعداد التالية.
اكتب العدد على الخط.

8. _____

عشرات	آحاد
11	0

9. _____

عشرات	آحاد
10	5

1. أكمل الرابط الرقمي أو الجملة الرقمية، وارسم خطًا يربط بالصورة المتطابقة.

80

50	30

تظهر الرابطة الرقمية أن 80 هو المجموع، و 30 هو أحد الأجزاء.
3 عشرات + 5 عشرات = 8 عشرات. إنها تشبه 3 + 5 = 8. تبقى الأرقام كما هي، ولكن الوحدات تتغير!

70 − __20__ = 50

70 هو المجموع، و 50 هو أحد الأجزاء.
7 عشرات ناقص الرقم اللغز يساوي 5 عشرات. الرقم اللغز يساوي 2 عشرات!

__80__ − 10 = 70

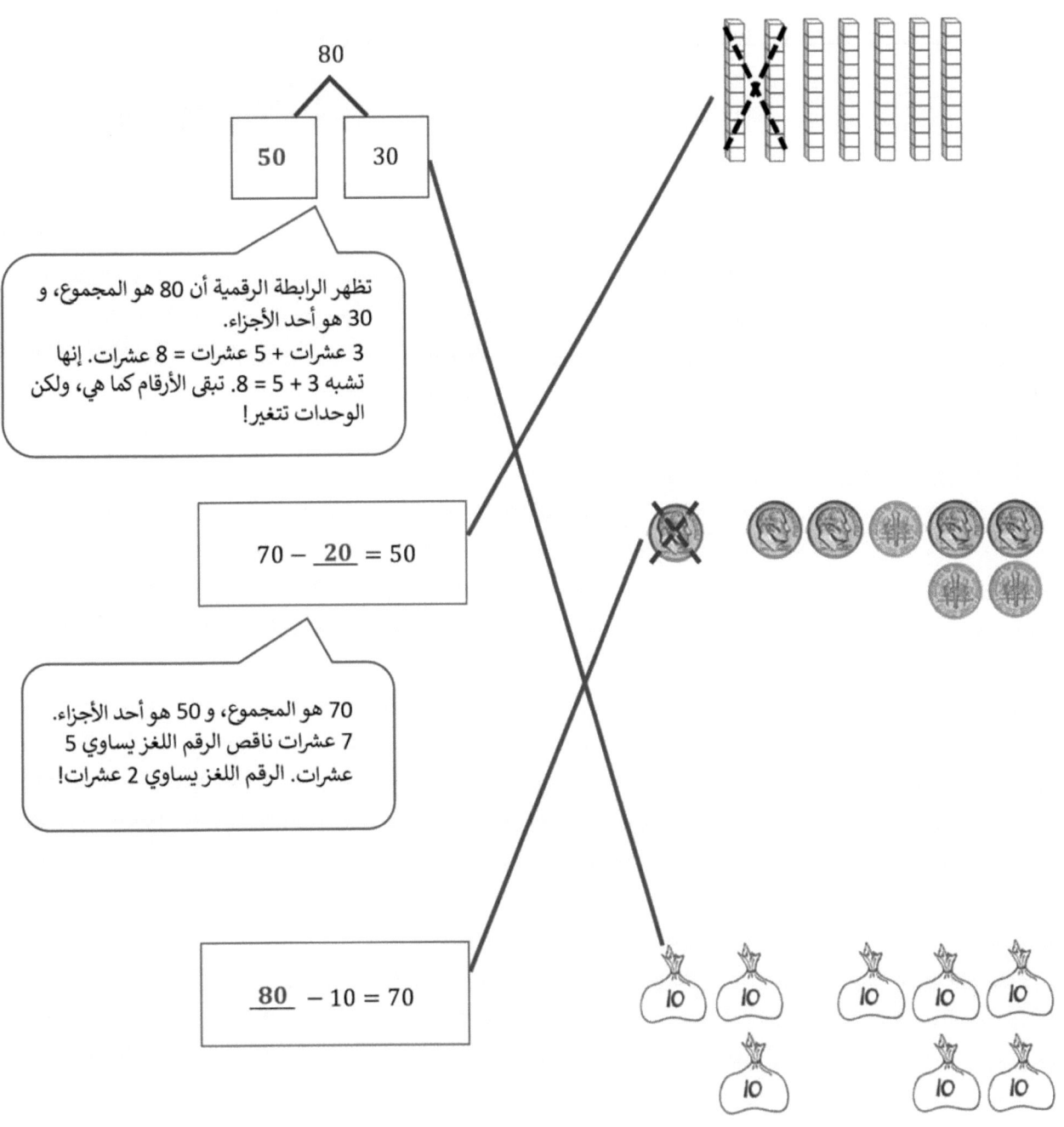

2. عد الديمات للجمع أو الطرح. اكتب الجملة الرقمية لتوصيل الديمات.

90 - 30 = 60

100 = 40 + 60

أستطيع التفكير في 6 + 4 = 10، لمساعدتي.
6 دايمات + 4 دايمات يساوي 10 دايمات.
60 + 40 = 100. يوجد إجمالي 10 عشرات!

الاسم ______________________ التاريخ ______________

1. أكمل الرابط الرقمي أو الجملة الرقمية، وارسم خطًا يربط بالصورة المتطابقة.

أ.

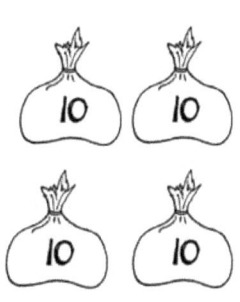

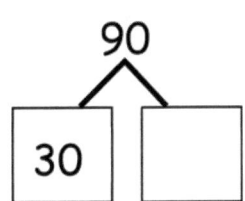

90

30	

ب.

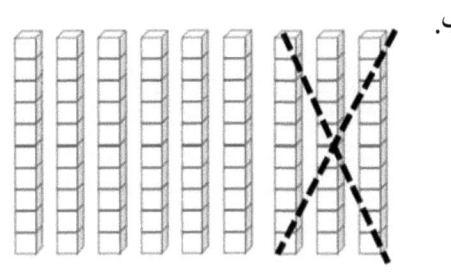

60 = 40 - ______

ج.

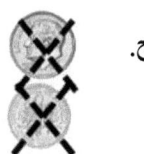

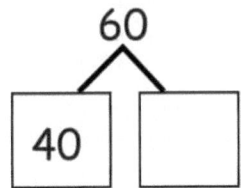

60

40	

د.

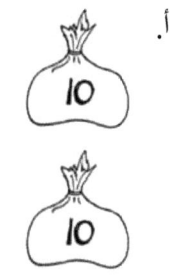

60 = ______ - 80

2. عد الديمات للجمع أو الطرح. اكتب الجملة الرقمية لتوصيل الديمات.

أ.

= 20 + 40 ________

ب.

____

ج.

____

د.

____

3. املأ الأرقام الناقصة.

أ. 90 = ______ + 70

ب. 80 = 30 + ______

ج. 20 = ______ - 100

د. ______ = 60 + 30

هـ. 20 = ______ - 70

و. 60 = ______ - 20

ز. 60 = 20 - ______

ح. 20 = ______ - 90

ح. 100 = ______ - 50

1. حل باستخدام الصور. أكمل الجملة الرقمية للمطابقة.

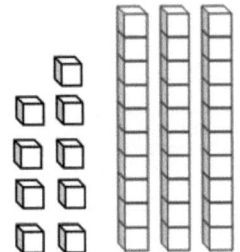

$59 = 39 + 20$

> أستطيع جمع 2 عشرات و 3 عشرات. وهذا 5 عشرات. لدي 9 آحاد؛ الآحاد لم تتغير.

2. استخدم الرابط الرقمي للحل.

$78 = 38 + 40$
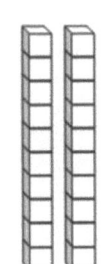

$70 = 30 + 40$
$78 = 8 + 70$

> أستطيع تفكيك 38 إلى 30 و 8 مع الرابطة الرقمية. أجمع 40 و 30 أولًا، وهذا يساوي 70، وبعد ذلك أجمع 8 لتكوين 78.

3. حل. يمكنك استخدام الروابط الرقمية لمساعدتك.

$63 = 40 + 23$

$84 = 50 + 34$
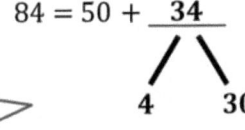

> أستطيع التحقق من عملي عبر رسم رابطة رقمية. حيث أن $3 + 5 = 8$، أعرف أن $30 + 50 = 80$. 34 هو الجزء المفقود لأن الإجمالي، 84، به 4 آحاد.

> أستطيع أن ابدأ من 23 وأعد تصاعديًا بالعشرات حتى أصل إلى 63. عددت أربع عشرات: 33، 43، 53، 63. 63 هو الإجمالي!

قصة الوحدات   الدرس 11 الواجبات المنزلية   6•1

الاسم _____   التاريخ _____

1. حل باستخدام الصور. أكمل الجملة الرقمية للمطابقة.

أ.   ____ + ____ = ____

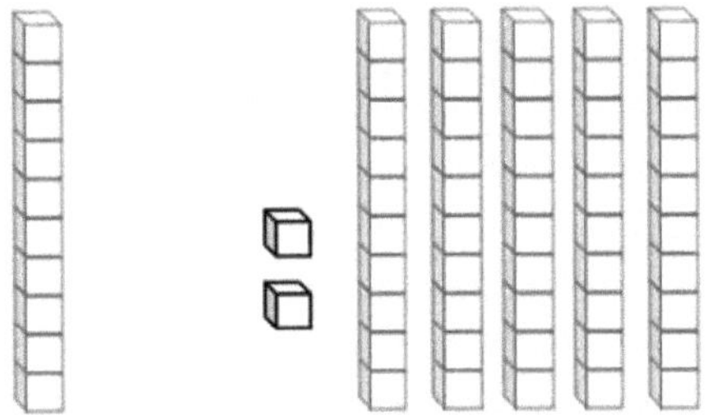

ب.   ____ + ____ = ____

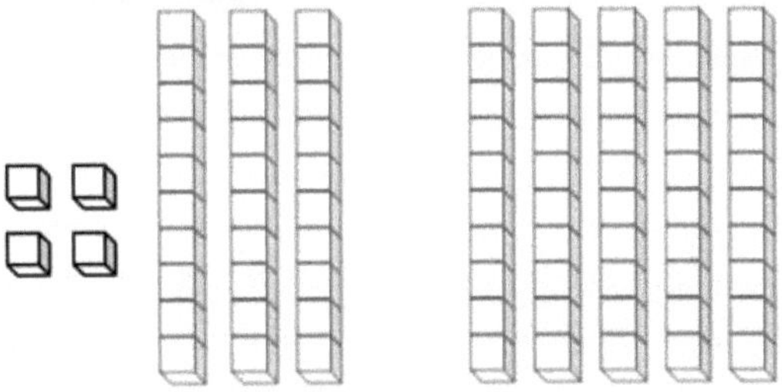

ج.   ____ + ____ = ____

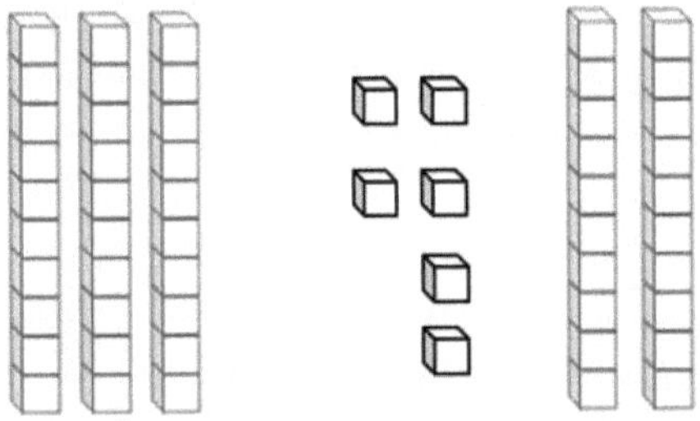

د.   ____ + ____ = ____

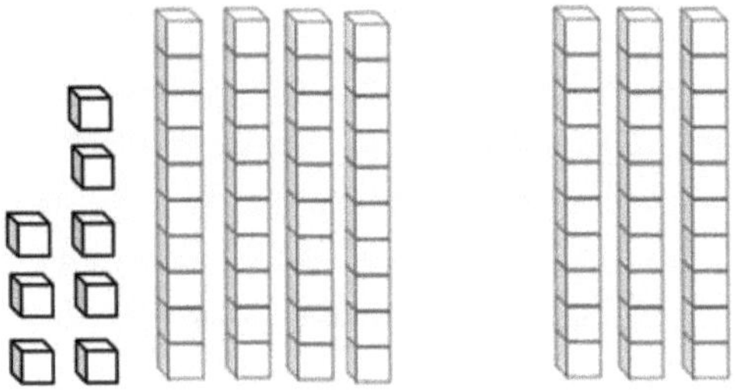

الدرس 11: اجمع مضاعف العدد 10 على أي عدد مكون من رقمين في حدود العدد 100.

قصة الوحدات   الدرس 11 الواجبات المنزلية   1●6

$64 + 30 = 94$

    / \\
  4   60

$60 + 30 = 90$

$90 + 4 = 94$

2. استخدم الروابط الرقمية للحل.

ب. $54 + 30 = $ _____	أ. $38 + 40 = $ _____
د. $57 + 30 = $ _____	ج. $46 + 40 = $ _____
و. $70 + 25 = $ _____	هـ. $68 + 20 = $ _____

3. حل. يمكنك استخدام الروابط الرقمية لمساعدتك.

ب. $48 + 50 = $ _____   أ. $72 + 20 = $ _____

د. _____ $+ 40 = 87$ ج. $46 + $ _____ $= 96$

الدرس 11: اجمع مضاعف العدد 10 على أي عدد مكون من رقمين في حدود العدد 100.

1. حل.

80 = 42 + 38

40 2

40 = 2 + 38

80 = 40 + 40

أستطيع التفكير في الآحاد أولاً. حيث أن 38 أقرب إلى 40، أستطيع تكوين العشرة التالية! أستخدم الرابطة الرقمية لتفكيك 42 وبعد ذلك أجمع 38 + 2. وبذلك، 80 = +40 40.

2. حل باستخدام الروابط الرقمية. يمكنك الاختيار بين الجمع أولاً على الآحاد أو العشرات. اكتب جملتين رقميتين لشرح ما تقوم به.

أ. 99 = 43 + 56

3 40

96 = 40 + 56

99 = 3 + 96

أستطيع تفكيك 43 إلى عشرات وآحاد. أستطيع جمع العشرات أولاً. وبالتالي، 56 + 40 = 96. لا يمكنني أن أنسى جمع الـ 3 آحاد:
.99 = 3 + 96

ب. 70 = 45 + 25

5 20

50 = 5 + 45

70 = 20 + 50

هذه المرة، أضيف الآحاد أولاً. عند تفكيك 25، أرى أنني أستطيع جمع 5 إلى 45 لعمل 50. وهذا رقم محبب! بعد ذلك أجمع فقط 5 عشرات + 2 عشرات = 7 عشرات أو 70.

الاسم _____ التاريخ _____

1. حل.

ب. 74 + 23 = _____	أ. 46 + 22 = _____
د. 68 + 31 = _____	ج. 54 + 25 = _____
و. 86 + 13 = _____	هـ. 45 + 55 = _____
ح. 47 + 52 = _____	ز. 37 + 52 = _____

2. حل باستخدام الروابط الرقمية. يمكنك الاختيار بين الجمع أولاً على الآحاد أو العشرات. اكتب جملتين رقميتين لعرض ما قمت به.

أ. 76 + 23 = _____

ب. 45 + 33 = _____

ج. 31 + 67 = _____

د. 57 + 32 = _____

هـ. 58 + 21 = _____

و. 25 + 63 = _____

ز. 44 + 55 = _____

ح. 47 + 53 = _____

حل واشرح إجابتك.

1. **73** = 24 + 49

23　1

50 = 1 + 49

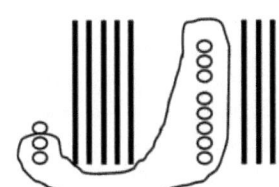

73 = 23 + 50

أستطيع التفكير في عمل العشرة التالية!
49 أقرب إلى BO، لذلك يمكنني تفكيك 24
لإضافة 1 إلى 49. بعد ذلك، أجمع الباقي،
وبالتالي 50 + 23 = 73.

2. 91 = 53 + 38

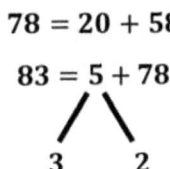

أستطيع إظهار كل عدد مع العشرات السريعة
والآحاد. عندما أنظر إلى الآحاد، يمكنني عمل
مجموعة أخرى من عشرة مع 1 باقٍ. وبالتالي،
يكون لدي إجمالي 9 عشرات و 1 آحاد، أو 91.

3. **83** = 58 + 25

5　20

78 = 20 + 58

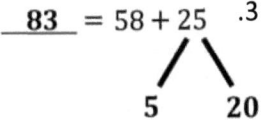

83 = 5 + 78

3　2

أستطيع أن أبدأ مع 58 وأجمع 20. لجمع
78 + 5، يمكنني تفكيك 5 إلى 2 و 3. من
السهل الحل في رأسي لأن 78 + 2 = 80،
و 3 أكثر يساوي 83.

4. **85** = 18 + 67

8　10　7　60

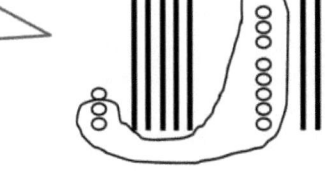

70 = 10 + 60

15 = 8 + 7

85 = 15 + 70

يمكنني تفكيك كلا العددين إلى عشرات
وآحاد. اجمع العشرات أولاً ثم الآحاد.
يمكنني جمعهم، وبالتالي 70 + 15 = 85.

الاسم _____ التاريخ _____

1. حل واشرح إجابتك.

أ. 15 + 26 = _____	ب. 46 + 49 = _____	ج. 28 + 54 = _____
د. 69 + 13 = _____	هـ. 69 + 23 = _____	و. 69 + 19 = _____
ز. 49 + 43 = _____	ح. 57 + 36 = _____	ط. 68 + 23 = _____

2. حل واشرح إجابتك.

أ. 34 + 47 = _____

ب. 38 + 45 = _____

ج. 68 + 23 = _____

د. 39 + 57 = _____

هـ. 38 + 44 = _____

و. 17 + 76 = _____

ز. 68 + 24 = _____

ح. 18 + 77 = _____

ط. 14 + 67 = _____

الدرس 14 مساعد الواجبات المنزلية

حل واشرح إجابتك.

1. $46 + 38 = \underline{84}$

   44   2

   أولاً، أفكر في عمل العشرة التالية! أستطيع تفكيك 46 وجمع 2 إلى 38، وهذا يكوّن 40. بعد ذلك، أجمع الباقي، لذلك فإن 40 + 44 = 84.

   $38 + 2 = 40$
   $44 + 40 = 84$

2. $55 + 26 = \underline{81}$

   6   20

   هذه المرة، أستطيع أن أبدأ مع 55 وأجمع 20. بعد ذلك، أجمع 6 + 75، أستطيع تفكيك 6 إلى 5 و 1 لعمل عشرة. 75 + 5 = 80, و 1 أكثر يساوي 81.

   $55 + 20 = 75$
   $6 + 75 = 81$

   1   5

3. $68 + 17 = \underline{85}$

   7 10   8 60

   يمكنني تفكيك كلا العددين إلى عشرات وآحاد. اجمع العشرات أولاً ثم الآحاد. يمكنني جمعهم، وبالتالي 70 + 15 = 85.

   $60 + 10 = 70$
   $7 + 8 = 15$
   $15 + 70 = 85$

الدرس 14: اجمع زوجًا من الأعداد المكونة من رقمين عندما يكون مجموع أرقام الآحاد أكبر من 10 باستخدام التحليل.

الاسم ______________________ التاريخ ____________

1. حل واشرح إجابتك.

أ. 68 + 21 = ____	ب. 59 + 32 = ____
ج. 39 + 44 = ____	د. 58 + 36 = ____
هـ. 76 + 17 = ____	و. 68 + 26 = ____
ز. 56 + 39 = ____	ح. 58 + 29 = ____

2. حل واشرح إجابتك.

أ. 39 + 41 = _____

ب. 48 + 43 = _____

ج. 87 + 13 = _____

د. 59 + 25 = _____

هـ. 65 + 27 = _____

و. 27 + 67 = _____

ز. 49 + 39 = _____

ح. 38 + 58 = _____

حل باستخدم رسومات العشرات والآحاد السريعة. تذكر ترتيب عشراتك مع العشرات وآحادك مع الآحاد.
اكتب الإجمالي أسفل رسمك.

1. $23 + 49 =$ **72**

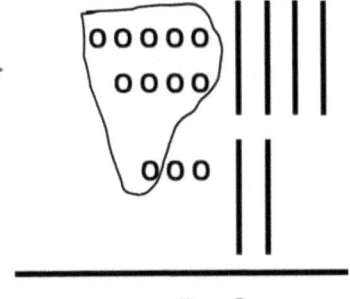

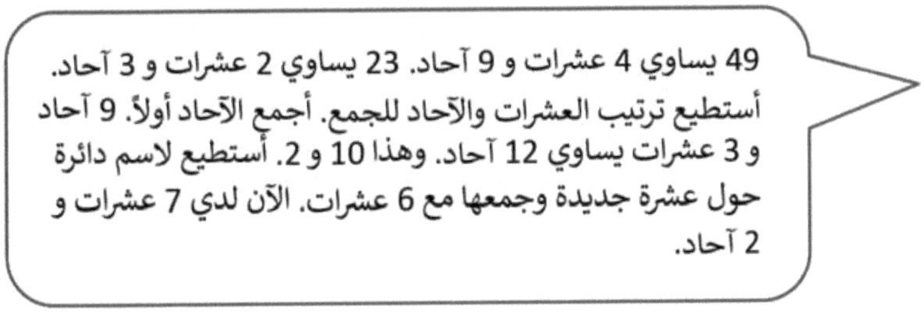

49 يساوي 4 عشرات و 9 آحاد. 23 يساوي 2 عشرات و 3 آحاد. أستطيع ترتيب العشرات والآحاد للجمع. أجمع الآحاد أولاً. 9 آحاد و 3 عشرات يساوي 12 آحاد. وهذا 10 و 2. أستطيع لاسم دائرة حول عشرة جديدة وجمعها مع 6 عشرات. الآن لدي 7 عشرات و 2 آحاد.

2. $68 + 26 =$ **94**

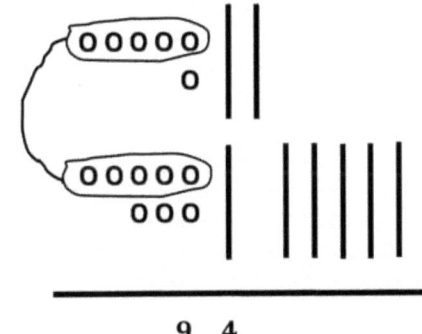

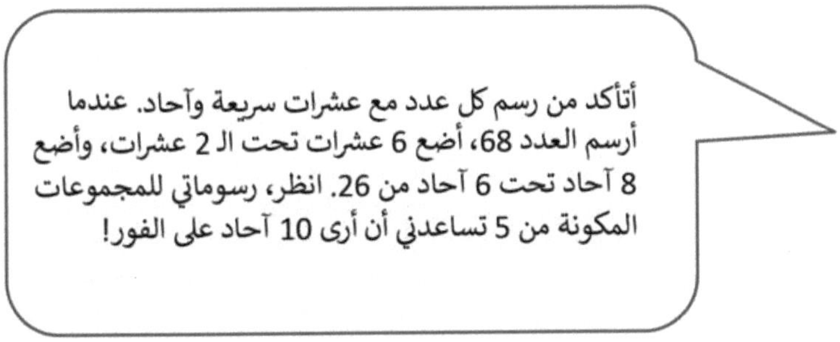

أتأكد من رسم كل عدد مع عشرات سريعة وآحاد. عندما أرسم العدد 68، أضع 6 عشرات تحت الـ 2 عشرات، وأضع 8 آحاد تحت 6 آحاد من 26. انظر، رسوماتي للمجموعات المكونة من 5 تساعدني أن أرى 10 آحاد على الفور!

الدرس 15 الواجبات المنزلية 6•1

الاسم ______________________ التاريخ ____________

1. حل باستخدام رسومات العشرات والآحاد السريعة.
تذكر ترتيب عشراتك مع العشرات وآحادك مع الآحاد. اكتب الإجمالي أدناه حول رسمك.

أ. 39 + 42 = ____	ب. 48 + 36 =
ج. 31 + 48 = ____	د. 47 + 34 = ____
هـ. 57 + 39 = ____	و. 58 + 27 = ____

الدرس 15: اجمع زوجين من الأعداد المكونة من رقمين عندما يكون مجموع أرقام الآحاد أقل من أو يساوي 10 باستخدام الرسم. سجل الإجمالي أدناه.

2. حل باستخدام عشرات وآحاد سريعة. تذكر ترتيب عشراتك مع العشرات وآحادك مع الآحاد. اكتب الإجمالي أدناه حول رسمك.

أ. 59 + 25 = ____	ب. 48 + 42 = ____
ج. 39 + 53 = ____	د. 78 + 14 = ____
هـ. 57 + 25 = ____	و. 69 + 27 = ____

240 الدرس 15: اجمع زوجين من الأعداد المكونة من رقمين عندما يكون مجموع أرقام الآحاد أقل من أو يساوي 10 باستخدام الرسم. سجل الإجمالي أدناه.

Copyright © Great Minds PBC

حل باستخدم رسومات العشرات والآحاد السريعة. تذكر ترتيب رسوماتك وإعادة كتابة الجملة الرقمية بصورة رأسية.

1. $49 + 36 = \underline{85}$

أستطيع رسم 49 كـ 4 عشرات سريعة و 9 آحاد. لذلك، أكتب 4 في منزلة العشرات و 9 في منزلة الآحاد. أفعل نفس الشيء مع 36. أجمع 4 عشرات مع 3 عشرات و 9 آحاد مع 6 آحاد. 9 + 6 = 15. هذه 1 عشرات و 5 آحاد. أنظر أين سجلت العشرة الجديدة!

$$\begin{array}{r} 4\,9 \\ +\ 3\,6 \\ \hline 1 \\ 8\,5 \end{array}$$

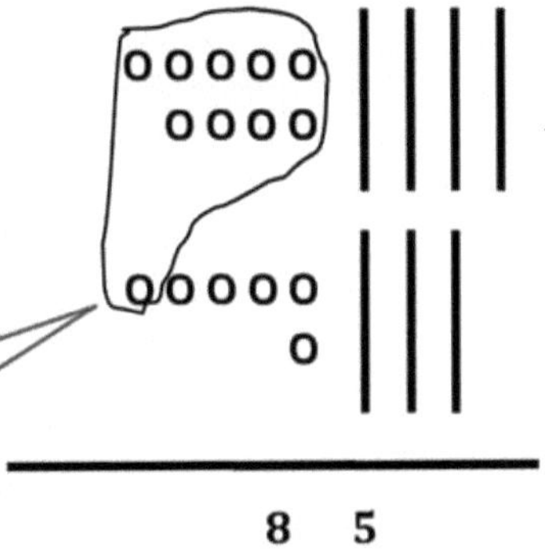

9 يحتاج إلى 1 من 6 للوصول إلى 10. 10 و 5 يساوي 15.

8 5

2. $18 + 78 = \underline{96}$

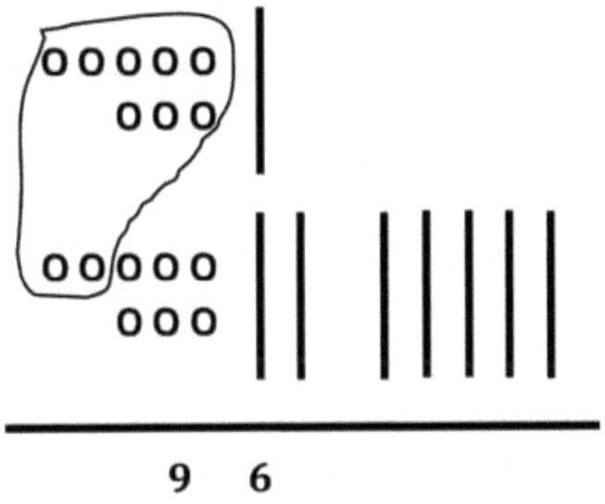

$$\begin{array}{r} 1\,8 \\ +\ 7\,8 \\ \hline 1 \\ 9\,6 \end{array}$$

عندما أجمع 8 آحاد زائد 8 آحاد، أحصل على 16 آحاد، وهذا يساوي 1 عشرات و 6 آحاد. أسجل العشرة الجديدة تحت العدد الثاني في منزلة العشرات. 1 عشرات + 7 عشرات + 1 عشرات = 9 عشرات.

9 6

8 يحتاج 2 من 8 للوصول إلى 10. 10 و 6 = 16.

الاسم ____________________ التاريخ ____________

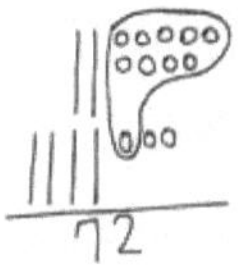

```
  29
+ 43
----
  72
```

1. حل باستخدم رسومات العشرات والآحاد السريعة.

تذكر ترتيب رسوماتك وإعادة كتابة الجملة الرقمية بصورة رأسية.

أ. 39 + 45 = ____	ب. 64 + 28 = ____
ج. 47 + 38 = ____	د. 53 + 27 = ____
هـ. 38 + 48 = ____	و. 53 + 45 = ____

الدرس 16: اجمع زوجين من الأعداد المكونة من رقمين عندما يكون مجموع أرقام الآحاد أقل من أو يساوي 10 باستخدام الرسم. سجل العشرة الجديدة أدناه.

2. حل باستخدام عشرات وآحاد سريعة. تذكر ترتيب رسوماتك وإعادة كتابة الجملة الرقمية بصورة رأسية.

أ. 79 + 14 = _____	ب. 28 + 47 = _____
ج. 58 + 33 = _____	د. 19 + 66 = _____
هـ. 39 + 59 = _____	و. 49 + 48 = _____

حل باستخدم رسومات العشرات والآحاد السريعة. تذكر ترتيب رسوماتك وإعادة كتابة الجملة الرقمية بصورة رأسية.

1. $\mathbf{90} = 32 + 58$

```
    5  8
 +  3  2
    1
 -------
    9  0
```

أستطيع رسم 58 كـ 5 عشرات سريعة و 8 آحاد. لذلك، أكتب 5 في منزلة العشرات و 8 في منزلة الآحاد. أفعل نفس الشيء مع 32. أجمع 5 عشرات مع 3 عشرات و 8 آحاد مع 2 آحاد: 8 + 2 = 10. هذا يساوي 1 عشرات 0 آحاد. أنظر أين سجلت العشرة الجديدة!

8 تحتاج 2 لعمل عشرة. الآن، متبقي 0 آحاد.

2. $\underline{\ \mathbf{77}\ } = 49 + 28$

```
    2  8
 +  4  9
    1
 -------
    7  7
```

عندما أجمع 8 آحاد زائد 9 آحاد، أحصل على 17 آحاد، وهذا يساوي 1 عشرات و 7 آحاد. أسجل العشرة الجديدة تحت العدد الثاني في منزلة العشرات.
2 عشرات + 4 عشرات + 1 عشرات = 7 عشرات.

9 يحتاج إلى 1 من 8 لعمل 10جديدة.
الآن يوجد، 7 عشرات و7 آحاد.

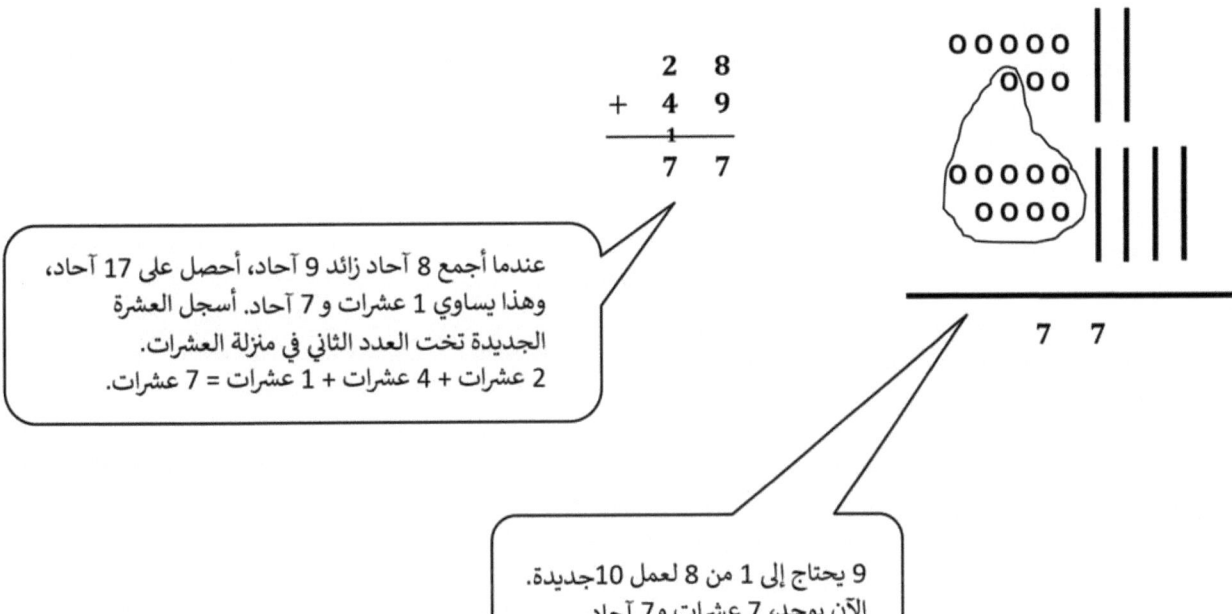

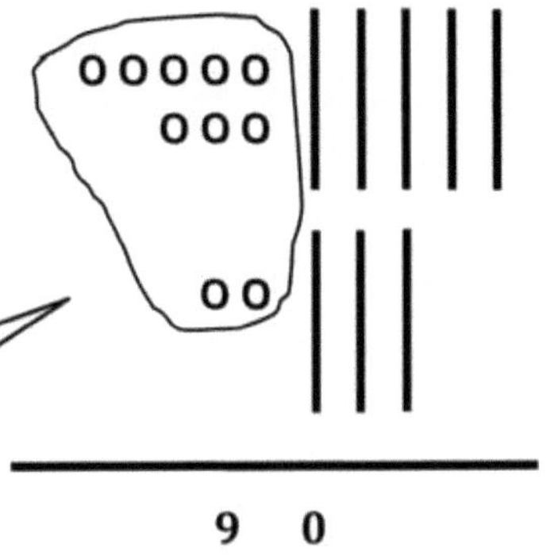

الاسم ________________________ التاريخ ______________

1. حل باستخدم رسومات العشرات والآحاد السريعة. تذكر ترتيب عشراتك وآحادك وإعادة كتابة الجملة الرقمية بصورة رأسية.

أ. 49 + 33 = ____	ب. 68 + 32 = ____
ج. 36 + 43 = ____	د. 27 + 67 = ____
هـ. 78 + 17 = ____	و. 69 + 28 = ____

2. حل باستخدم رسومات العشرات والآحاد السريعة. تذكر ترتيب عشراتك وآحادك وإعادة كتابة الجملة الرقمية بصورة رأسية.

أ. 29 + 52 = _____

ب. 58 + 31 = _____

ج. 73 + 26 = _____

د. 67 + 28 = _____

هـ. 41 + 59 = _____

و. 48 + 45 = _____

استخدم أي أسلوب تفضله لحل المسائل أدناه.

1. $44 + 23 = \underline{67}$

$$\begin{array}{r} 44 \\ + 23 \\ \hline 67 \end{array}$$

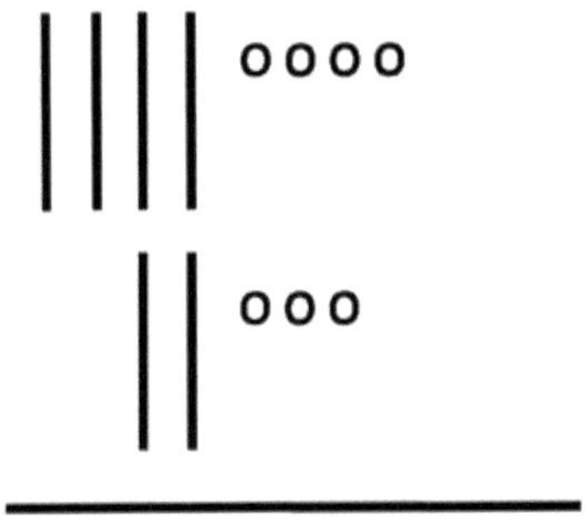

أريد رسم عشرات سريعة وآحاد لمساعدتي في حل هذه المسألة. الخطوط تمثل عشراتي. الدوائر تمثل آحادي. أعرف أنه من المهم تتيب العشرات مع العشرات والآحاد مع الآحاد.

2. $57 + 23 = \underline{80}$

$$20 \quad 3$$

$$57 \xrightarrow{+20} 77 \xrightarrow{+3} 80$$

أريد استخدام طريقة الأسهم لإظهار إستراتيجيتي. يمكنني تفكيك 23 إلى 20 و 3. أستطيع جمع 20 أولا وبعد ذلك 3.

3. $48 + 15 = \underline{63}$

$$2 \quad 13$$

$$48 + 2 = 50$$
$$50 + 13 = 63$$

48 قريب جدًا من 50. أستطيع استخدام إستراتيجية تكوين العشرة! 48 يحتاج إلى 2 أكثر لتكوين العشرة التالية، 50. أستطيع تفكيك 15 إلى 2 و 13. أولاً أستطيع جمع $48 + 2 = 50$. بعد ذلك أستطيع جمع الباقي، $50 + 13 = 63$.

1•6 الدرس 18 الواجبات المنزلية قصة الوحدات

الاسم ______________________ التاريخ ____________

استخدم أي أسلوب تفضله لحل المسائل أدناه.

.1 ______ = 15 + 61	.2 ______ = 51 + 16
.3 ______ = 45 + 37	.4 ______ = 46 + 27
.5 ______ = 27 + 58	.6 ______ = 48 + 38

EUREKA MATH الدرس 18: اجمع زوجين من الأعداد المكونة من رقمين تحتوي على مجاميع مختلفة في الآحاد، وقارن نتائج أساليب التسجيل المختلفة. 251

الدرس 19 مساعد الواجبات المنزلية

استخدم أي استراتيجية التي تفضلها لحل المسائل أدناه.

1. $64 + 33 = \underline{97}$

   60 4   30 3

   $60 + 30 = 90$

   $4 + 3 = 7$

   $90 + 7 = 97$

أستطيع استخدام الروابط الرقمية المزدوجة وتفكيك كلا العددين. أستطيع جمع العشرات مع العشرات، 6 عشرات + 3 عشرات = 9 عشرات، والآحاد مع الآحاد، 4 آحاد + 3 آحاد = 7 آحاد. بعد ذلك، أجمع العشرات والآحاد معًا، 9 عشرات + 7 آحاد = 97 آحاد.

2. $37 + 35 = \underline{72}$

   30 5

   $37 \xrightarrow{+30} 67 \xrightarrow{+5} 72$

ربما أريد تفكيك عدد واحد فقط من العددين. إذا فككت 35 إلى 30 و 5، يمكنني جمع 30 أولاً ثم جمع 5. طريقة الأسهم هي إحدى الطرق لإظهار تفكيري.

3. $38 + 25 = \underline{63}$

   $3\ 8$
   $+\ 2\ 5$
   $\overline{6\ 3}$

   6 3

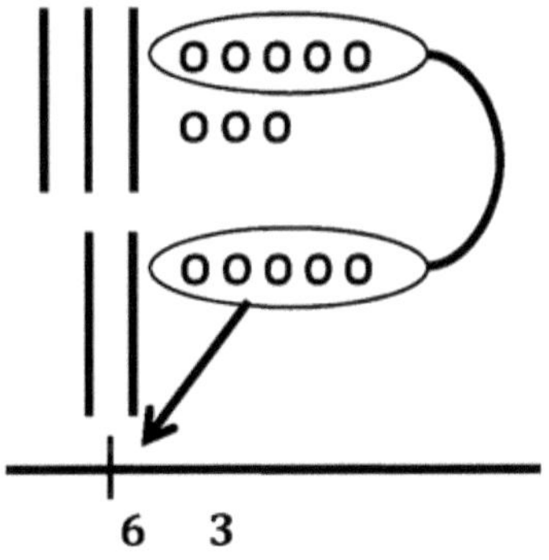

استراتيجية أخرى هي أنني أستطيع رسم العشرات السريعة والآحاد. 8 آحاد + 5 آحاد = 13 آحاد. أستطيع تكوين 10 من الآحاد لعمل 1 عشرات. ما زال معي 3 آحاد. 3 عشرات + 2 عشرات + 1 عشرات = 6 عشرات. يوجد 6 عشرات و 3 آحاد!

قصة الوحدات الدرس 19 الواجبات المنزلية 1•6

الاسم _____ التاريخ _____

استخدم الاستراتيجية التي تفضلها لحل المسائل أدناه.

1. _____ = 22 + 53

2. _____ = 52 + 23

3. _____ = 14 + 76

4. _____ = 16 + 76

5. _____ = 35 + 55

6. _____ = 46 + 54

الدرس 19 الواجبات المنزلية

استخدم الاستراتيجية التي تفضلها لحل المسائل أدناه.

7. _____ = 25 + 49

8. _____ = 45 + 49

9. _____ = 37 + 37

10. _____ = 57 + 37

11. _____ = 48 + 24

12. _____ = 68 + 26

1. طابق

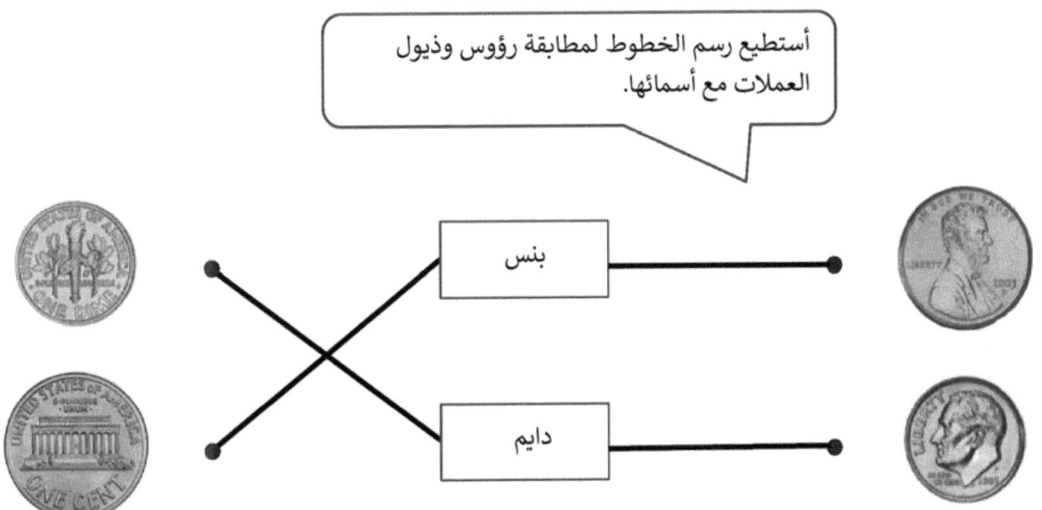

أستطيع رسم الخطوط لمطابقة رؤوس وذيول العملات مع أسمائها.

2. اشطب بعض البنسات حتى تظهر البنسات المتبقية قيمة العملة المعدنية إلى اليسار.

النيكل يساوي 5 سنتات. إذا شطبت 1 بنس، تظهر البنسات المتبقية قيمة 1 نيكل.

3. ماركوس لديه 7 سنتات في جيبه. ارسم عملات معدنية لتوضيح أسلوبين مختلفين للحصول على سبعة سنتات.

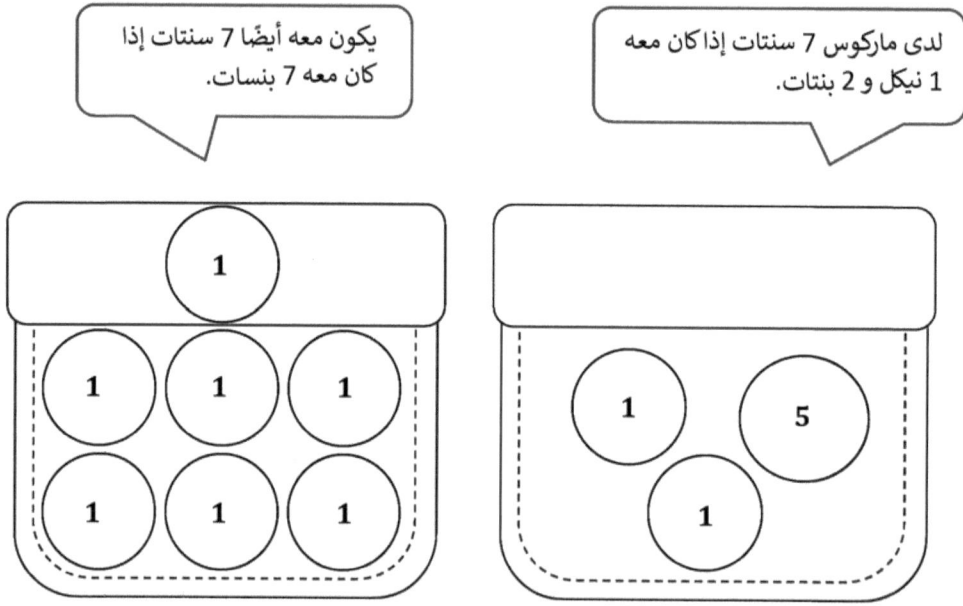

يكون معه أيضًا 7 سنتات إذا كان معه 7 بنسات.

لدى ماركوس 7 سنتات إذا كان معه 1 نيكل و 2 بنتات.

4. حل. ارسم خطًا لربط الجملة الرقمية مع العملة أو العملات المعدنية التي تفسر الإجابة.

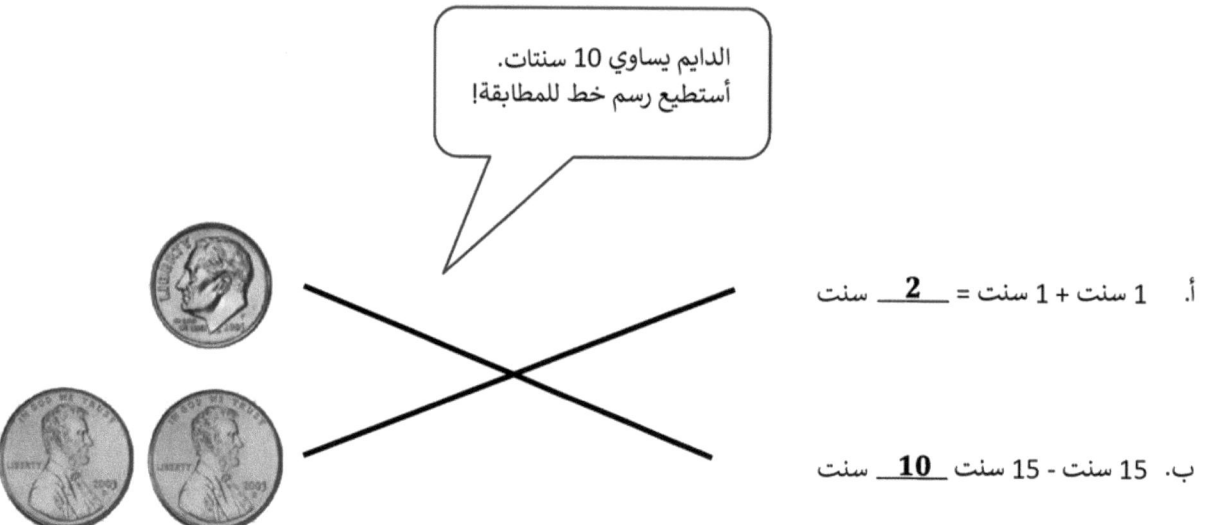

الدايم يساوي 10 سنتات.
أستطيع رسم خط للمطابقة!

أ. 1 سنت + 1 سنت = **2** سنت

ب. 15 سنت - 15 سنت **10** سنت

الاسم _____ التاريخ _____

1. طابق

بنس

نيكل

دايم

2. اشطب بعض البنسات حتى تظهر البنسات المتبقية قيمة العملة المعدنية إلى اليسار.

أ.

ب.

3. ماريا لديها 5 سنتات بجيبها. ارسم عملات معدنية لتوضيح أسلوبين مختلفين للحصول على 5 سنتات.

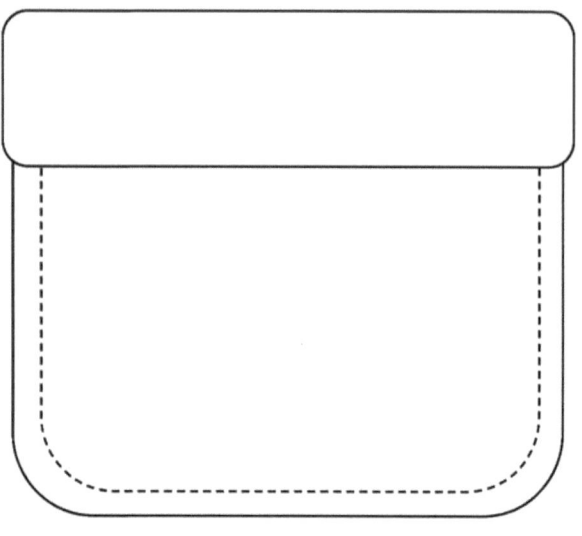
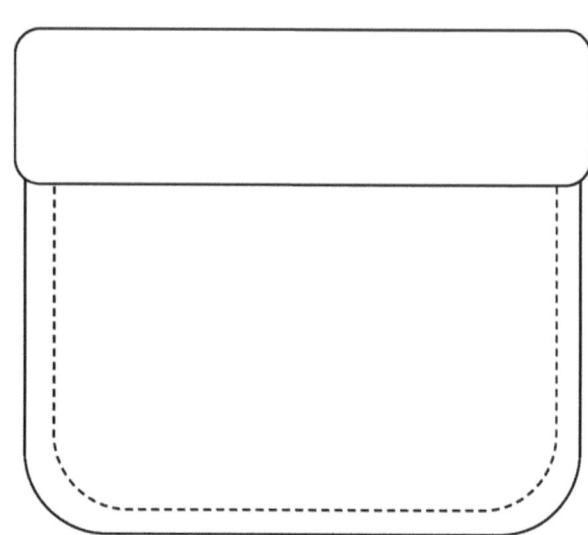

4. حل. ارسم خطًا لربط الجملة الرقمية مع العملة أو العملات المعدنية التي تفسر الإجابة.

أ. 10 سنتات + 10 سنتات = _____ سنتات

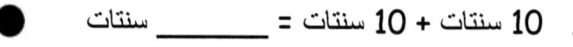

ب. 10 سنتات - 5 سنتات = _____ سنتات

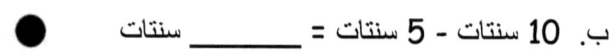

ج. 20 سنتات - 10 سنتات = _____ سنتات

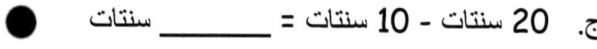

د. 9 سنتات - 8 سنتات = _____ سنتات

1. استخدم بنك الكلمات لتسمية العملات النقدية.

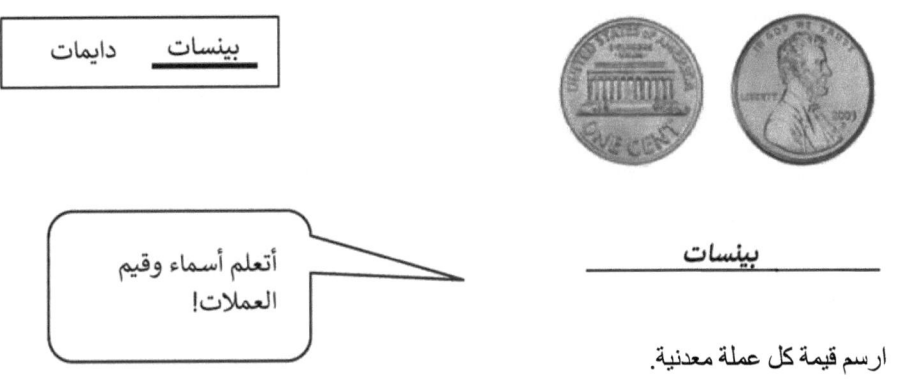

بينسات دايمات

بينسات

أتعلم أسماء وقيم العملات!

2. ارسم قيمة كل عملة معدنية.

قيمة كل 1 بنس هي __1__ سنت.

3. قال والدك إنه سيعطيك عشرة سنتًا أو سنتًا واحدًا. ماذا ستأخذ ولماذا؟

سآخذ 1 دايم لأنها تساوي 10 سنتات. يساوي البنس فقط 1 سنتًا.

سآخذ الدايم (عشرة سنت) لأنه يساوي مال أكثر!

4. كيرا لديها 10 سنتات في الحصالة الخاصة بها. أي من العملة أو العملات المعدنية ستكون في حصالتها؟ ارسم لعرض مجموعتين مختلفتين من العملات المعدنية التي قد تكون في حصالة كيرا.

الاسم _____   التاريخ _____

1. استخدم بنك الكلمات لتسمية العملات النقدية.

   | الدولار | البنسات الربع | الخمس دولارات | عشرة دولار |

   أ. _____   ب. _____   ج. _____   د. _____

2. ارسم قيمة كل عملة معدنية.

   أ. قيمة واحد دايم يساوي _____ سنت.

   ب. قيمة واحد بنس تساوي _____ سنت.

   ج. قيمة واحد نيكل تساوي _____ سنت.

   د. قيمة ربع دولار تساوي _____ سنت.

3. تقول والدتك بأنها ستعطيك 1 خمس سنتات أو 1 ربع دولار. ماذا ستأخذ ولماذا؟

   _____
   _____
   _____
   _____

الدرس 21: ميز أرباع الدولار بصورتها أو أسمائها أو قيمها. حلل قيم أرباع الدولار باستخدام البنسات والخمس سنتات والعشر سنتات.

4. لي لديها 25 سنتًا في حصالتها. أي من العملة أو العملات المعدنية ستكون في حصالتها؟

أ. ارسم لعرض العملات المعدنية التي قد تكون في حصالة لي.

ب. ارسم مجموعة مختلفة من العملات المعدنية التي ستكون في حصالة لي.

1. طابق العنوان مع العملات المعدنية الصحيحة، واكتب القيمة. قد يكون هناك أكثر من تطابق لكل اسم عملة.

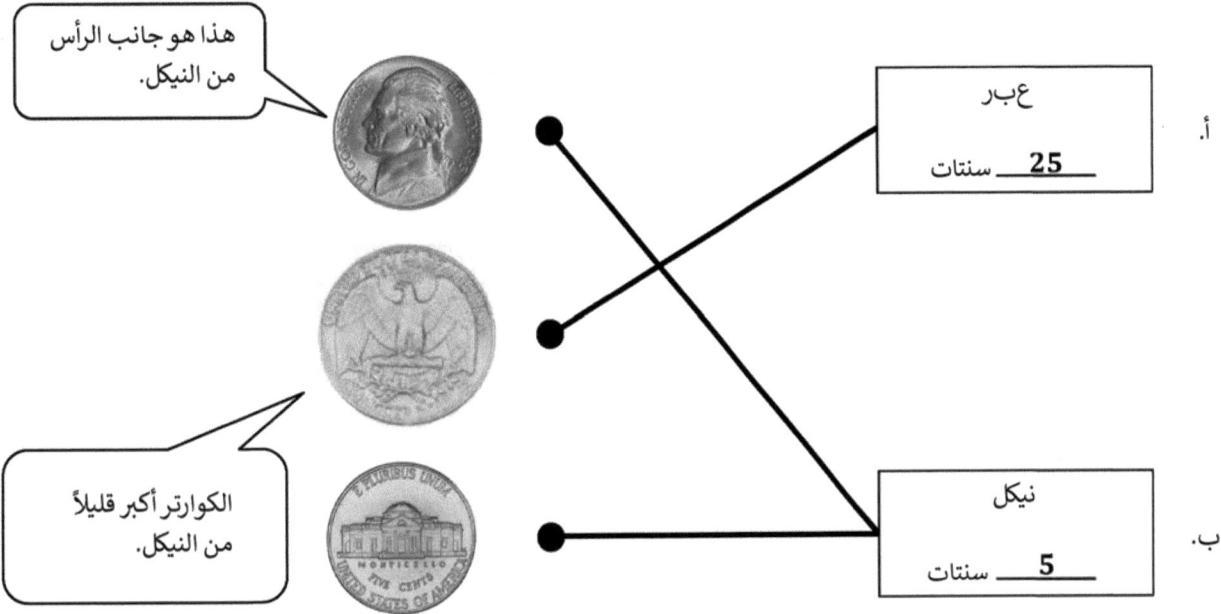

2. بريان لديه 4 عملات معدنية في جيبه ولاري 2 عملة معدنية. لاري تحوز على مال أكثر من براين. ارسم صورة لإظهار القطع النقدية التي قد يمتلكها كل صبي.

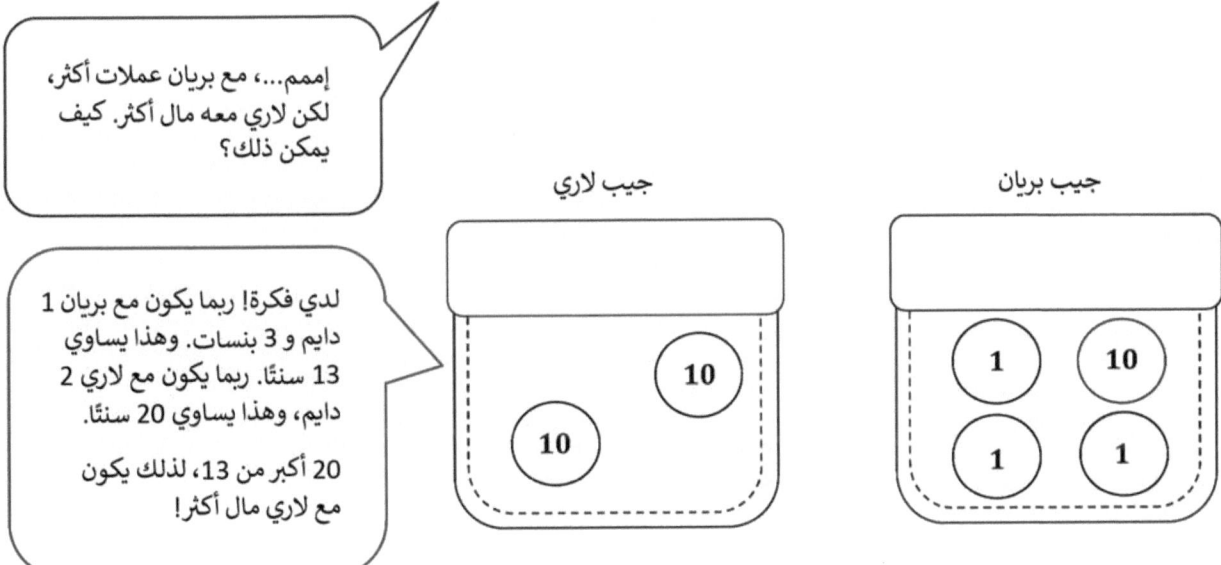

الدرس 22 الواجب المنزلي

الاسم _____ التاريخ _____

1. طابق العنوان مع العملات المعدنية الصحيحة، واكتب القيمة. سيكون هناك أكثر من تطابق لكل اسم عملة.

أ.
نيكل

_____ سنتات

ب.
دايم

_____ سنتات

ج.
عبر

_____ سنتات

د.
بنس

_____ سنت

2. لي لديها عملة واحدة في جيبه، وبيدرو لديه 3 عملات معدنية. بيدرو لديه أموال أكثر من لي. ارسم صورة لإظهار القطع النقدية التي قد يمتلكها كل صبي.

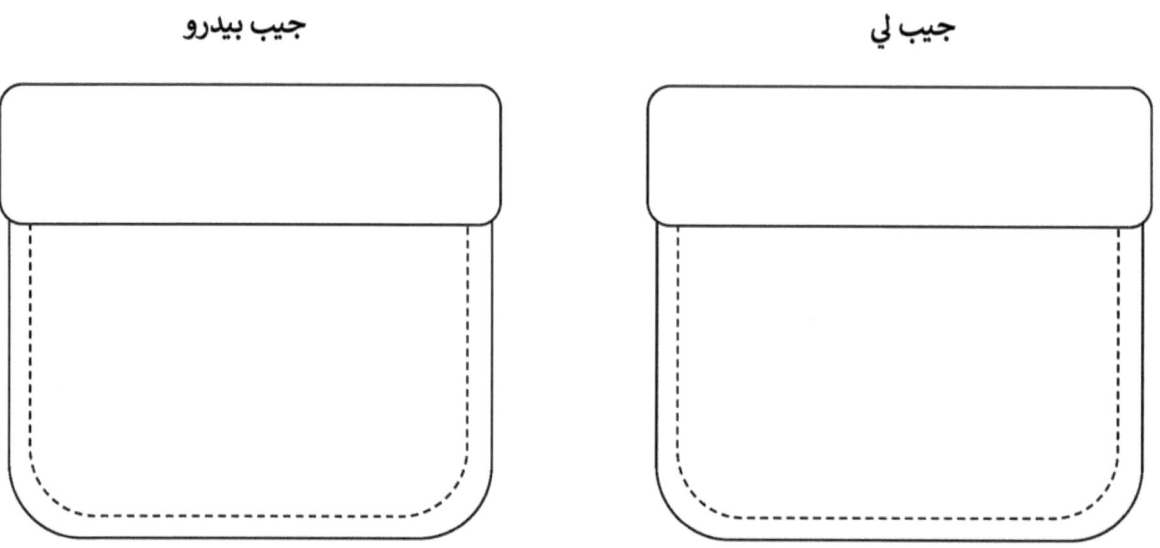

جيب لي

جيب بيدرو

3. بيلي لديها 4 عملات معدنية في جيبها، ولدى إنغريد 4 عملات معدنية. إنغريد لديها أموال أكثر من بيلي. ارسم صورة لإظهار القطع النقدية التي قد تمتلكها كل فتاة.

جيب بايلي

جيب إنجريد

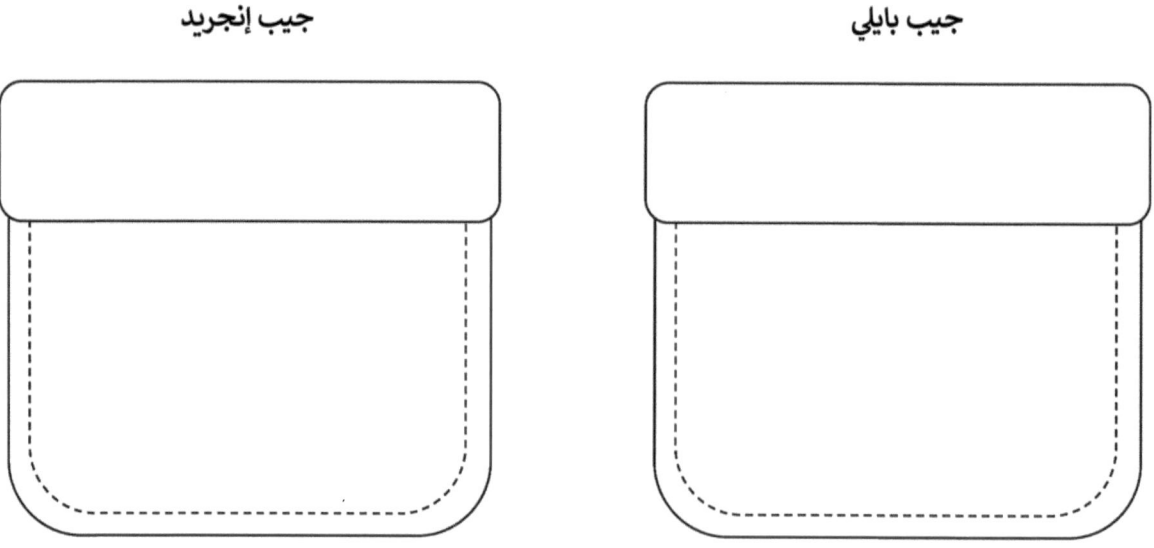

1. اجمع البنسات لتوضيح المبلغ المكتوب.

النيكل يساوي 5 سنتات. أستطيع العد تصاعديًا بدءًا من 5. خمسة، 6، 7. عددت 2 أكثر، لذا رسمت 2 بنسات.

2. اكتب قيمة مجموعة العملات النقدية.

__33__ سنت

الاسم _____ التاريخ _____

1. اجمع البنسات لتوضيح المبلغ المكتوب.

أ.	15 سنتات 
ب.	28 سنتات 
ج.	22 سنتات 
د.	32 سنتات 

2. اكتب قيمة كل مجموعة من العملات المعدنية.

أ. _____ سنتات

ب.

_____ سنتات

ج.

_____ سنتات

د.

_____ سنتات

هـ.

_____ سنتات

الدرس 24 مساعد الواجبات المنزلية 1•6

1. أوجد قيمة كل مجموعة من العملات المعدنية. أكمل مخطط القيمة المكانية.
اكتب جملة جمع لجمع قيمة الدايمات وقيمة البنسات.

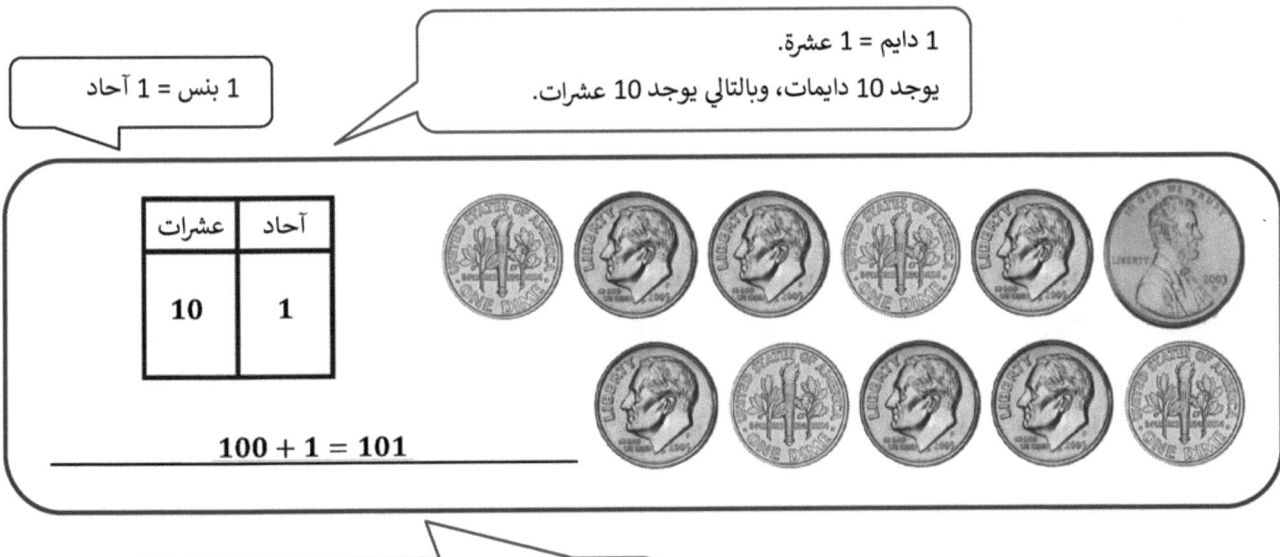

1 دايم = 1 عشرة.
يوجد 10 دايمات، وبالتالي يوجد 10 عشرات.

1 بنس = 1 آحاد

آحاد	عشرات
1	10

$100 + 1 = 101$

10 عشرات + 1 آحاد يساوي 100 + 1.
$100 + 1 = 101$

2. تحقق من المجموعة التي تظهر نفس العدد. أكمل مخطط القيمة المكانية التي تطابق 100 سنت.

عشرات	آحاد
10	0

يوجد 10 دايمات و 0 بنسات، وبالتالي يوجد 10 عشرات و 0 آحاد: 100 + 0 = 100. هذه المجموعة تظهر 100 سنتًا.

يوجد 8 دايمات و 2 بنسات، وبالتالي يوجد 8 عشرات و 2 آحاد: 80 + 2 = 82. هذه المجموعة تظهر 82 سنتًا.

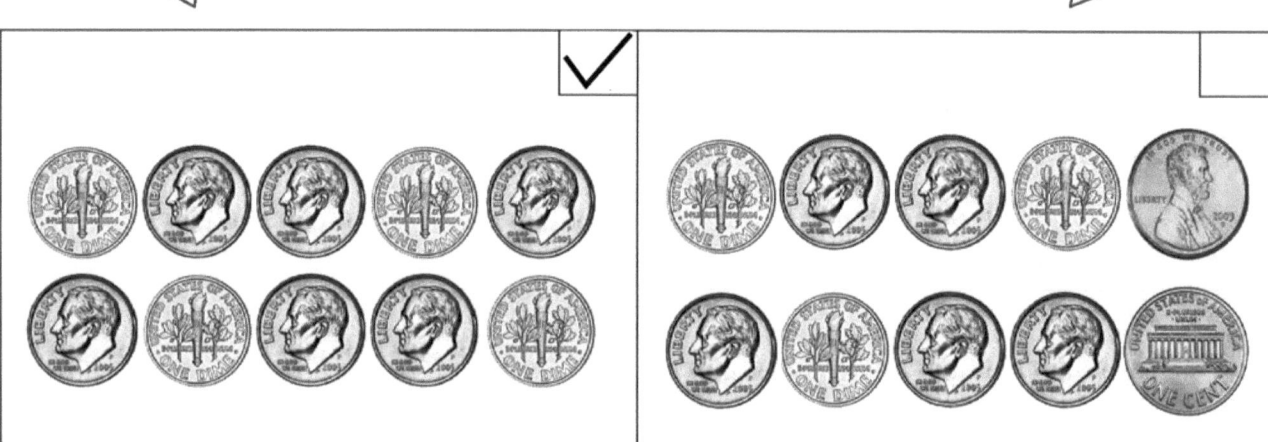

3. ارسم 43 سنت باستخدام الدايمات والبنسات. أكمل مخطط القيمة المكانية للمطابقة.

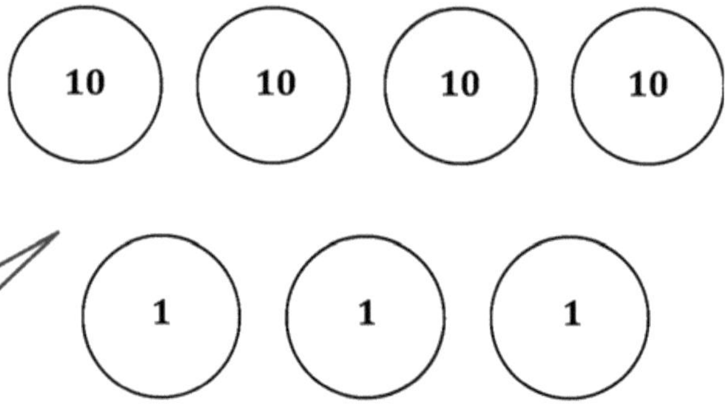

عشرات	آحاد
4	3

يمكنني عمل 43 سنتًا مع 4 كلايم و 3 بنسات. هذا 4 عشرات و 3 آحاد!

الاسم ____________________ التاريخ ____________

1. أوجد قيمة كل مجموعة من العملات المعدنية. أكمل مخطط القيمة المكانية.

اكتب جملة جمع لجمع قيمة الدايمات وقيمة البنسات.

أ.

عشرات	آحاد

____

ب.

عشرات	آحاد

____

ج.

عشرات	آحاد

____

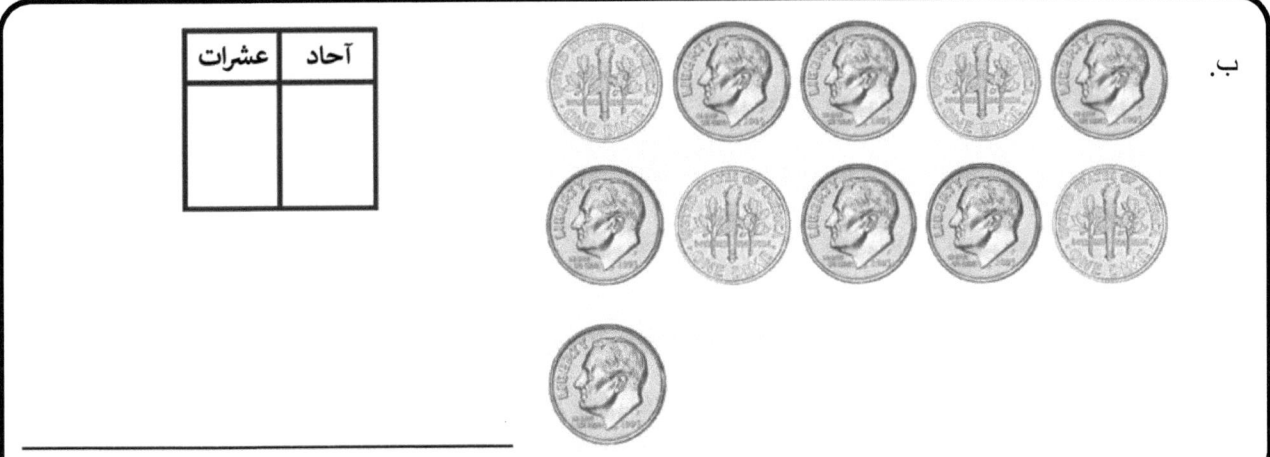

2. ضع علامة على المجموعة التي توضح المبلغ الصحيح. أكمل مخطط القيمة المكانية للمطابقة.

110 سنتات

عشرات	آحاد

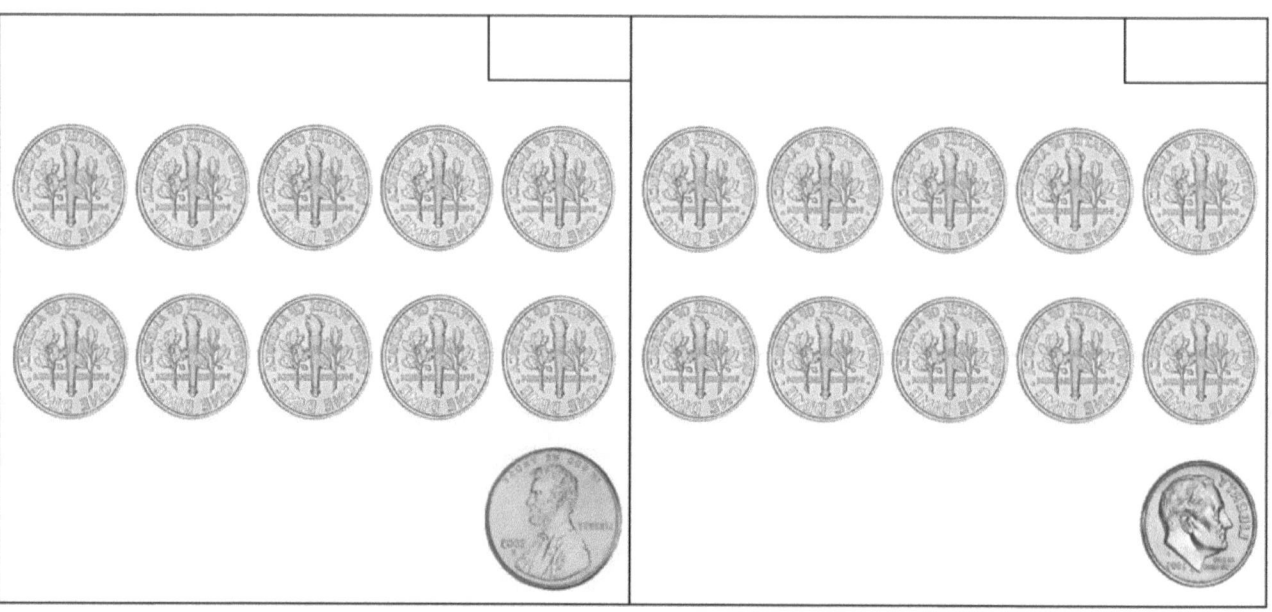

3. أ. ارسم 79 سنتًا باستخدام الدايمات والبنسات. أكمل مخطط القيمة المكانية للمطابقة.

عشرات	آحاد

ب. ارسم 118 سنت باستخدام الدايمات والبنسات. أكمل مخطط القيمة المكانية للمطابقة.

عشرات	آحاد

اقرأ المسألة اللفظية.
ارسم مخططًا شريطيًا بيانيًا أو مخططًا شريطيًا مزدوجًا وسمِّه.
اكتب الجملة الرقمية والعبارة التي تطابق القصة.

1. استخدمت ماريا 16 خرزة لصنع سوار. واستخدمت ماريا 5 خرزات أكثر مما استخدمته كيم. فكم عدد الخرزات التي استخدمتها كيم لصنع سوارها؟

يمكنني رسم مخطط شريطي لمقارنة خرزات ماريا وكيم. أستطيع رسم أشرطة ماريا وكيم بنفس الطول. حيث أنني أعرف أنهما لا يوجد بهما نفس العدد من الخرزات، أسأل نفسي، من لديه أكثر؟ ماريا! لديها 5 خرزات أكثر من كيم. سأضيف المزيد إلى شريط ماريا وأعنونه 5 لأن لديها 5 خرزات أكثر من كيم.

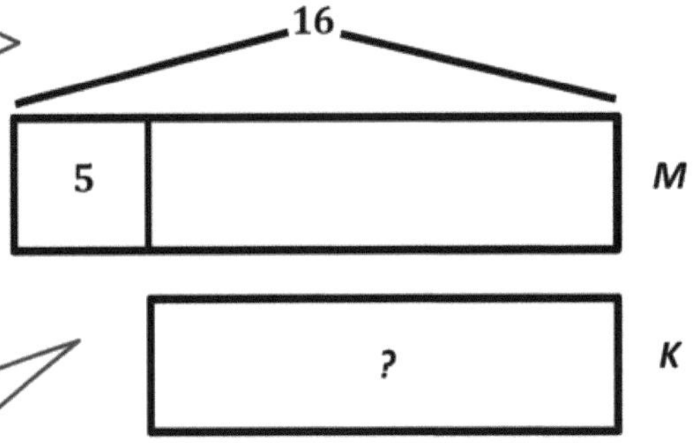

أستطيع رسم أذرع لتشمل كلا الجزأين من شريط ماريا لأن الإجمالي يساوي 16. الجزء الأول من شريط ماريا يساوي شريط كيم، لذلك إذا وجدت الجزء الأول من شريط ماريا، فسأعرف شريط كيم أيضًا!

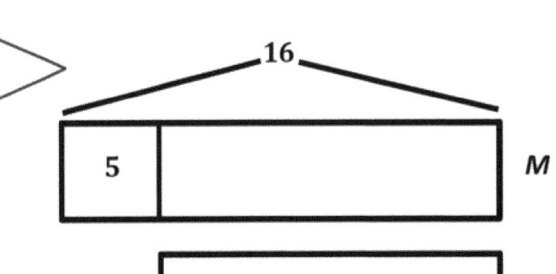

$16 - 5 = \boxed{11}$

استخدم كيم 11 خرزات.

2. جمّع ليو 14 حبة فراولة. جمع ليو 4 حبات فراولة أقل من أجنيس. كم عدد الفراولات التي جمعها أجنيس؟

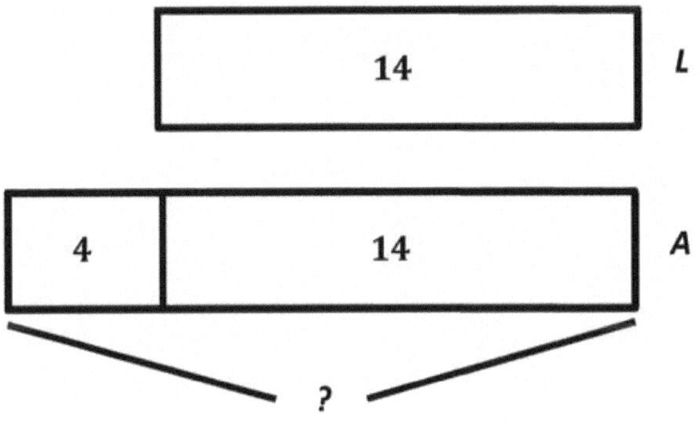

$14 + 4 = \boxed{18}$

جمع آنجيس 18 حبة فراولة.

أبطأت وقرأت كل جزء في المسألة بحرص. إذا جمع ليو 4 حبات أقل مما جمعه آنجيس، فإن أنجوس يكون معه 4 أكثر من ليو! هذه مسألة جمع، وليست طرح!

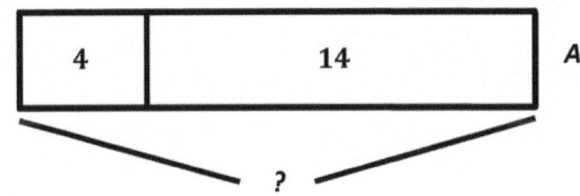

الاسم ______________________________ التاريخ ______________

نموذج مخطط شريطي

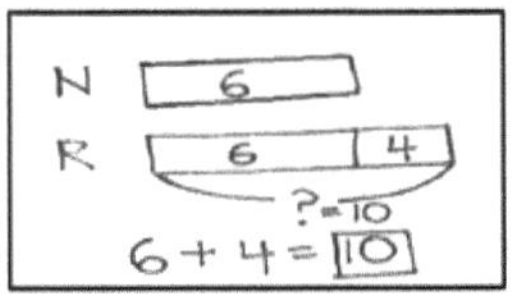

اقرأ المسألة اللفظية.

ارسم مخططًا شريطيًا بيانيًا أو مخططًا شريطيًا مزدوجًا وسمِّه.

اكتب الجملة الرقمية والبيان التي تطابق القصة.

1. استمع جوليو إلى 7 أغاني في المذياع. استمعت لي إلى 3 أغاني أكثر من جوليو. كم عدد الأغاني التي سمعتها لي؟

---

2. التقطت شانيكا 14 خنفساء. أمسكت 4 خنفساء أكثر من ويلي. كم عدد الخنفساء التي التقطتها ويلي؟

---

3. قامت روز بتعبئة 3 صناديق أكثر من أختها للانتقال إلى منزلها الجديد. قامت شقيقتها بتعبئة 11 صندوقًا. كم عدد الصناديق التي حزمتها روز؟

4. زينّت تامرا 13 قطعة كوكيز. زينّت تامرا عدد 2 من قطع كوكيز أقل من إيمي.
كم عدد قطع الكوكيز التي قامت إيمي بتزيينها؟

5. ضرب شقيق روز 12 كرة تنس. ضربت روز 6 كرات تنس أقل من شقيقها. كم عدد كرات التنس التي ضربتها روز؟

6. مع كاميرته، التقط دارنيل 5 صور أكثر من كيانا. التقط 13 صورة. كم عدد الصور التي التقطتها كيانا؟

اقرأ المسألة اللفظية.
ارسم مخططًا شريطيًا بيانيًا أو مخططًا شريطيًا مزدوجًا وسمِه.
اكتب الجملة الرقمية والعبارة التي تطابق القصة.

1. روبين لديها 13 قلم ماركر. نشارة لديه 4 أقلام ماركر أقل من روبن.
كم عدد أقلام ماركر التي يملكها نشارة؟

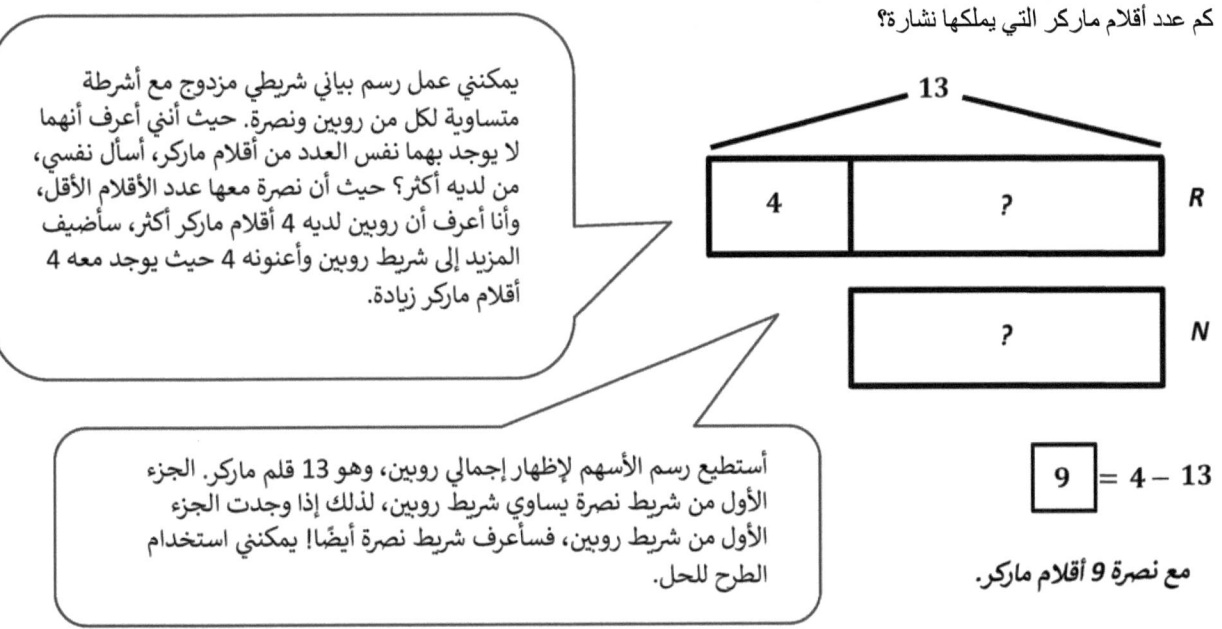

يمكنني عمل رسم بياني شريطي مزدوج مع أشرطة متساوية لكل من روبين ونصرة. حيث أنني أعرف أنهما لا يوجد بهما نفس العدد من أقلام ماركر، أسأل نفسي، من لديه أكثر؟ حيث أن نصرة معها عدد الأقلام الأقل، وأنا أعرف أن روبين لديه 4 أقلام ماركر أكثر، سأضيف المزيد إلى شريط روبين وأعنونه 4 حيث يوجد معه 4 أقلام ماركر زيادة.

أستطيع رسم الأسهم لإظهار إجمالي روبين، وهو 13 قلم ماركر. الجزء الأول من شريط نصرة يساوي شريط روبين، لذلك إذا وجدت الجزء الأول من شريط روبين، فسأعرف شريط نصرة أيضًا! يمكنني استخدام الطرح للحل.

$13 - 4 = \boxed{9}$

مع نصرة 9 أقلام ماركر.

2. وجد إميل 12 ورقة في الملعب. وجد 3 أوراق أكثر من بايتون. كم عدد الأوراق التي وجدها بايتون؟

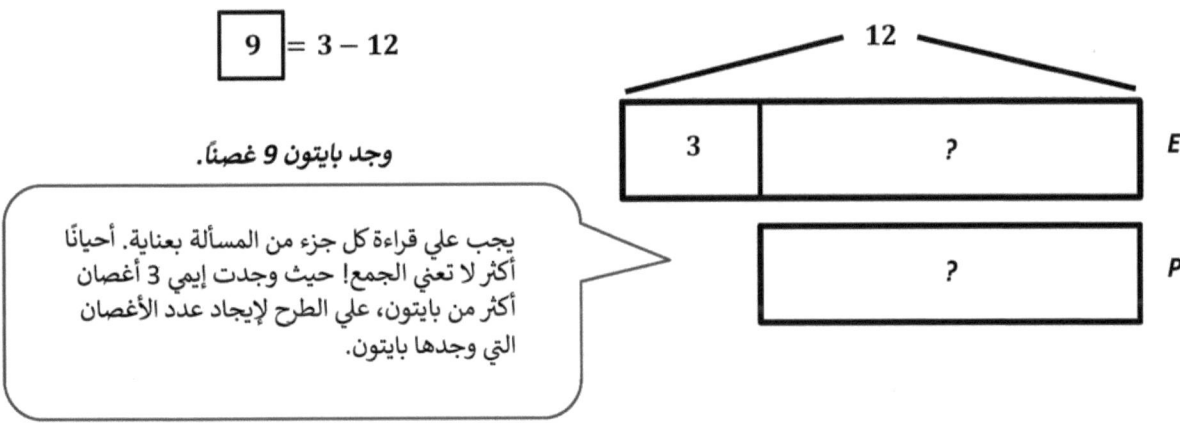

$12 - 3 = \boxed{9}$

وجد بايتون 9 غصنًا.

يجب علي قراءة كل جزء من المسألة بعناية. أحيانًا أكثر لا تعني الجمع! حيث وجدت إيمي 3 أغصان أكثر من بايتون، علي الطرح لإيجاد عدد الأغصان التي وجدها بايتون.

الاسم ______________________________ التاريخ ______________

اقرأ المسألة اللفظية.
ارسم مخططًا شريطيًا بيانيًا أو مخططًا شريطيًا مزدوجًا وسمِّه.
اكتب الجملة الرقمية والبيان التي تطابق القصة.

نموذج مخطط شريطي

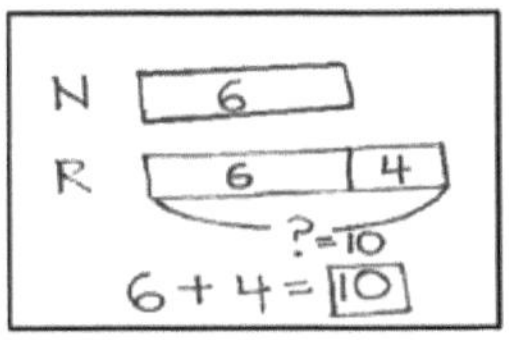

N
6
R
6
4
?=10
6 + 4 = 10

1. تمشي فاطمة مسافة 15 مبنى من المدرسة. يمشي بن مسافة 8 مباني. ما هي المدة التي تستغرقها فاطمة في السير من المدرسة إلى المنزل أكثر من مسيرة بين؟

---

2. اشترت ماريا سلة تحتوي على 13 فراولة. اشترى دارنيل سلة تحتوي على 4 فراولة أكثر من ماريا.
كم عدد الفراولة الموجودة بسلة دارنيل؟

---

3. تامرا لديها 5 كتب تم سحبها من المكتبة. كيم لديه 11 كتابًا تم سحبها من المكتبة. كم عدد الكتب التي سحبتها تامرا الأقل مما سحبه كيم؟

4. قطفت كيانا 12 تفاحة من الشجرة. قطفت 6 تفاحات أقل من ويلي. كم عدد التفاحات التي قطفها ويلي من الشجرة؟

5. أثناء فترة الاستراحة، وجدت إيمي 16 صخرة. وجدت 5 صخور أكثر من بيتر. كم عدد الصخور التي وجدها بيتر؟

6. فريق كرة القدم الصف الأول لديه 12 لاعبًا. فريق الصف الأول لديه 6 لاعبين أقل من فريق الصف الثاني. كم عدد اللاعبين في فريق الصف الثاني؟

الدرس 27 مساعد الواجبات المنزلية 6•1

اقرأ المسألة اللفظية.
ارسم مخططًا شريطيًا بيانيًا أو مخططًا شريطيًا مزدوجًا وسمِه.
اكتب الجملة الرقمية والعبارة التي تطابق القصة.

1. بعض الأطفال يلعبون في صالة الألعاب الرياضية. وجاء 5 أطفال للإنضمام إليهم، ويوجد الآن 14 طفلاً. كم عدد الأطفال في صالة الألعاب الرياضية في البداية؟

تبدو المسألة صعبة لأنني لا أعرف عدد الأطفال الذين كانوا يلعبون في البداية. هذا هو الجزء المجهول عندي! سيكون الأمر مفيدًا عندما أقرأ جملة واحدة مرة واحدة وأرسم.

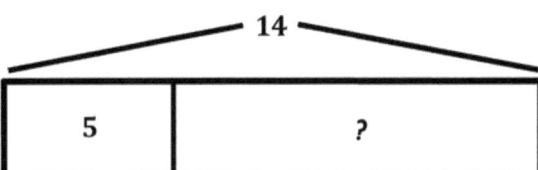

يظهر رسمي أنني أعرف المجموع وأحد الأجزاء. أستطيع استخدام الطرح لإيجاد عدد الأطفال الذين كانوا يلعبون في البداية. أو، كان يمكنني استخدام الطرح للحل:

$14 - 5 = \boxed{9}$

9 طفلاً كانوا في صالة الألعاب الرياضية في البداية.

2. ركب بيتر الدراجة لمدة 11 دقيقة؟ ركبت بيلي الدراجة لمدة 7 دقيقة كم المدة الزمنية الأقصر لركوب بيلي الدراجة؟

P
11
B
7

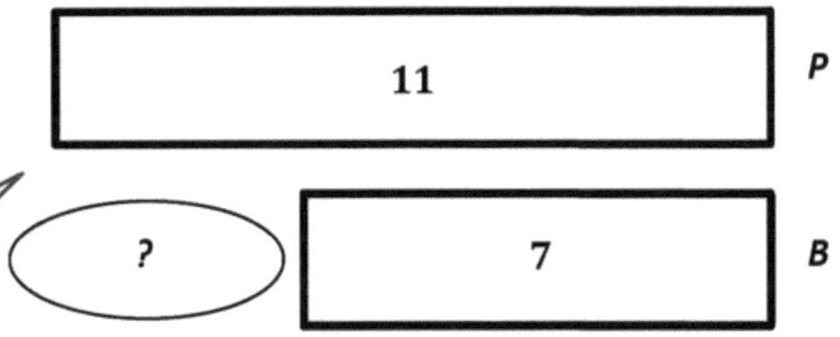

$7 + \boxed{4} = 11$

كان ركوب بيلي الدراجة أقل 4 دقائق.

حيث أنني أقارن هذا الوقت، أرسم رسم بياني شريطي مزدوج. حيث أن بيتر ركب الدراجة لدقائق أكثر، شريطه أطول من شريط بيلي. يمكنني استخدام الجمع لحل الجزء غير المعروف، وهو 4 دقائق.

الاسم _____ التاريخ _____

نموذج مخطط شريطي

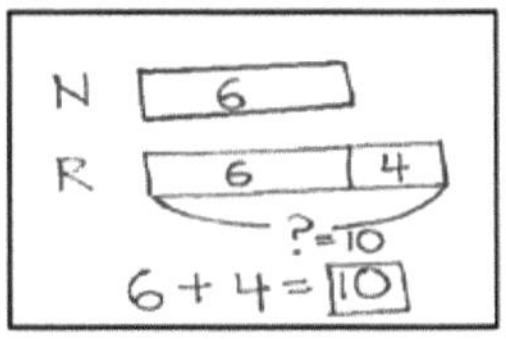

```
N | 6 |
R | 6 | 4 |
    ?=10
  6 + 4 = 10
```

اقرأ المسألة اللفظية.
ارسم مخططًا شريطيًا بيانيًا أو مخططًا شريطيًا مزدوجًا وسمِّه.
اكتب الجملة الرقمية والعبارة التي تطابق القصة.

1. اصطف ثمانية طلاب للذهاب إلى المعرض الفني. اصطف بعضهم للذهاب إلى غرفة الموسيقى. ثم، كان هناك 12 طالبًا في الصف. كم عدد الطلاب الذين اصطفوا للذهاب إلى غرفة الموسيقى؟

---

2. ركب بيتر دراجته مسافة 5 مبان. ركبت روز دراجتها مسافة 13 مبنى. إلى أي مدى كانت رحلة بيتر أقصر؟

---

3. جمع لي وأنطون 16 ورقة أثناء سيرهما. تسعة من أوراق الشجر كانت ملك لـ لي. كم عدد أوراق أنتون؟

4. أحصى الفريق 11 كرة قدم داخل الشبكة. أحصوا 5 كرات كرة قدم أقل خارج الشبكة. كم عدد كرات كرة القدم التي كانت خارج الشبكة؟

5. رأى جوليو 14 سيارة تسير بجوار منزله. رأى جوليو 6 سيارات أكثر من شانيكا. كم عدد السيارات التي رأتها شانيكا؟

6. بعض الطلاب يأكلون الغداء. انضم 4 طلبة إليهم. الآن، يوجد 17 طالب يتناول الغداء. كم عدد الطلبة الذين يتناولون الغداء في البداية؟

1. قم بتعليم أحد أفراد الأسرة بعض أنشطة العد. تحقق من جميع الأنشطة التي تقوم بها معًا.

- [ ] العد السعيد بالآحاد.
- [x] العد السعيد بالعشرات.
- [x] عد بالآحاد بطريقة عد العشرات.
- [ ] عد بالعشرات بطريقة عد الآحاد.
أولاً، ابدأ من 0، بعد ذلك ابدأ من 7.
- [x] عد الحركات - قم بالعد أثناء تمارين القرفصاء، ولف الذرعين، والقفز عاليًا، وما إلى ذلك.

أستطيع ممارسة ألعاب الرياضيات الممتعة هذه مع أحد أفراد العائلة أو أحد الأصدقاء للحفاظ على قوة مهارات الرياضيات الخاصة بي خلال فصل الصيف.

2. اكتب الأرقام من 96 إلى 115.

105	**104**	**103**	**102**	101	**100**	99	98	**97**	96

115	**114**	**113**	**112**	111	**110**	**109**	**108**	**107**	106

3. عد إلى الوراء بعشرات من 82 إلى 2.

82، __72__، 62، __52__، __42__، __32__، 22، __12__، __2__

ساعدتني ممارسة لعبة رياضية مثل العد السعيد على مدار العام في العد التصاعدي والعد التنازلي. انظر، أستطيع العد بعد 100 بالآحاد والعد تنازليًا بالعشرات! لم أكن أستطيع عمل هذين الشيئين عندما بدأت الصف الأول. الآن يمكنني ذلك بسهولة.

الاسم ________________________________ التاريخ ______________

1. قم بتعليم أحد أفراد الأسرة بعض أنشطة العد.
تحقق من جميع الأنشطة التي تقوم بها معًا.
- ☐ العد السعيد بواسطة الآحاد.
- ☐ العد السعيد بواسطة العشرات.
- ☐ العد بواسطة الآحاد بطريقة العد بالعشرات.
- ☐ العد بواسطة العشرات بطريقة العد بالعشرات. أولاً، ابدأ من 0، ثم ابدأ من 7.
- ☐ العد بالحركات - قم بالعد أثناء تمارين القرفصاء، ولف الذرعين، والقفز عاليًا، وما إلى ذلك.

2. اكتب الأعداد من 91 إلى 120:

							93		91

					105				

	119								

3. قم بالعد التنازلي بعشرات من 97 إلى 7.

97، ____، 77، ____، ____، ____، ____، ____، ____، ____، ____

4. على ظهر الورقة، اكتب أكبر قدر ممكن من الأعداد والاختلافات في نطاق العدد 20. ضع دائرة حول الأحاد التي كانت صعبة بالنسبة لك في بداية العام!

قم بتعليم أحد أفراد الأسرة بعض أنشطة الرياضيات المفضلة لك اثناء احتفال تمارين الإتقان.
صف كيف كان الأمر لتعليم اللعبة. هل كان هذا سهلاً؟ هل كان صعبًا؟ لماذا؟

علمت أمي كيف تلعب لعبة الرياضيات الجزء المفقود: تكوين عشرة. اعتدت على تعلم كيفية لعب ألعاب الرياضيات من معلمي ثم اللعب مع أصدقائي. كان تعليم أمي أمرًا ممتعًا، ولكنه كان صعبًا بعض الشيء. على الرغم من أنني أعرف كيف ألعب اللعبة، إلا أنني نسيت أحيانًا شرح بعض الأجزاء المهمة لها.

يمكنني اخيار لعبة رياضيات من أحد مراكز الرياضيات وتعليمها لأحد أفراد عائلتي. أعرف كيف ألعب اللعبة بنفسي، ولكن أحيانًا يمكنك أن تتعلم شيئًا عبر تعليمه لشخص آخر. إنه يساعدني في التفكير في عمل عشرة عندما احتجت أن أظهر لأمي ما نحتاج إلى القيام به.

EUREKA MATH

الدرس 30 مساعد الواجبات المنزلية

ماذا فعلت أثناء حصة الرياضيات اليوم؟

اليوم قمت بتزيين مجلد رياضي لحزمة الرياضيات الصيفية الخاصة بي. قمت بتزيين ملفاتي برسومات لكل الأشياء التي تعلمتها في الرياضيات هذا العام. رسمت رسومات الجمع والطرح والرسومات المكونة من 5 مجموعات وروابط الأعداد. لقد رسمت أيضًا عشرات سريعة، ومخططًا القيمة المكانية، وأشكالًا مختلفة ثنائية وثلاثية الأبعاد. هذه ليست سوى بعض الأشياء العديدة التي تعلمتها في الرياضيات هذا العام. سأحاول ممارسة حزمتي الصيفية كل يوم مع أحد أفراد عائلتي حتى أكون جاهزًا للرياضيات في الصف الثاني!

تتضمن حزمتي الصيفية

- درس 30 حزمة الصيف.
- بطاقات مجموعات من خمسة أو رقمية أحادية الجانب.
- 5 تمارين سريعة للطلاقة الأساسية وغيرها من التمارين السريعة للصف الأول
- مجموعة التمارين المميزة للطلاقة الأساسية.

وحدات دراسية

بذلت شركة Great Minds® قصارى جهدها للحصول على إذن لإعادة طباعة جميع المواد المحمية بحقوق الطبع والنشر. إذا لم يتم التعرف على أي مالك للمواد المحمية بحقوق الطبع والنشر هنا، يرجى الاتصال بـ Great Minds للحصول على الإقرار المناسب في جميع الإصدارات المستقبلية وإعادة طبع هذه الوحدة.